豇豆
高效栽培与病虫害绿色防控

JIANGDOU
GAOXIAO ZAIPEI YU BINGCHONGHAI LüSE FANGKONG

陈燕羽　主　编
陈俊谕　牛　玉　吴　波　陈　帅　副主编

中国农业出版社
北　京

图书在版编目（CIP）数据

豇豆高效栽培与病虫害绿色防控 / 陈燕羽主编．—北京：中国农业出版社，2021.6（2022.8重印）
ISBN 978-7-109-28178-3

Ⅰ.①豇… Ⅱ.①陈… Ⅲ.①豇豆—蔬菜园艺②豇豆—病虫害防治 Ⅳ.①S643.4②S436.43

中国版本图书馆CIP数据核字（2021）第075464号

中国农业出版社出版
地址：北京市朝阳区麦子店街18号楼
邮编：100125
责任编辑：丁瑞华 黄 宇
版式设计：王 晨 责任校对：吴丽婷
印刷：北京通州皇家印刷厂
版次：2021年6月第1版
印次：2022年8月北京第2次印刷
发行：新华书店北京发行所
开本：889mm×1194mm 1/32
印张：3.25
字数：90千字
定价：30.00元

JIANGDOU
GAOXIAO ZAIPEI YU BINGCHONGHAI LUSE FANGKONG

《豇豆高效栽培与病虫害绿色防控》

编写人员

主　　编：陈燕羽

副 主 编：陈俊谕　牛　玉　吴　波　陈　帅

参编人员：罗劲梅　高建明　韩冰莹　刘巧莲
　　　　　羊以武

前言

豇豆广泛分布在热带、亚热带、温带地区，在我国栽培历史悠久，品种资源丰富，绝大部分地区都有豇豆栽培。豇豆口感独特、营养丰富、老少皆宜，具有良好的食疗效果和保健功能，是深受大家喜爱的优质蔬菜食材。

随着社会的进步和人们生活水平的不断提高，居民的消费结构不断升级，人们对绿色蔬菜的需求日益增长，但目前蔬菜防治病害虫仍以化学农药为主。豇豆是病虫害多发的作物，由于化学农药的频繁使用，造成病虫害抗药性增强，害虫繁衍数量更是迅速增加。以广西、海南为代表的我国豇豆主产区属于亚热带海洋性季风气候，天气高温高湿，有利于豇豆的多种病虫害发生。为了防治病虫害，豇豆种植户普遍喷药次数多、用量大，加上连作等原因，容易导致农药残留超标，甚至酿成公共事件。目前，不少公众对豇豆有“谈药色变”和“恐药心理”，对食用豇豆安全问题颇为担忧，甚至拒吃豇豆。因此，广大种植户要高度重视豇豆的绿色生产、绿色植保和农药减量使用问题，并严格遵守用药安全间隔期，才能确保农药残留不超标，保证豇豆质量安全。

近年来，全国蔬菜产业稳定发展，蔬菜质量安全水平不断提高。为让老百姓吃上放心菜，中央把蔬菜的安全生产问题提高到非常重要的位置。2010 年，中央 1 号文件提出推进菜篮子产品标准化生产，实施新一轮“菜篮子工程”建设，积极发展无公害农产品、绿色食品、有机农产品；2017 年国务院办公厅印发了《“菜篮子”市长负责制考核办法实施细则》，把“菜篮子”产品质量安全监管作为重要考核指标。因此，豇豆的高效栽培与病虫害绿色防控技术是持续控制病虫害、保障生产安全的重要手段，是促进豇豆标准化生产，提升质量安全水平的保障。开展豇豆高效栽培与病虫害绿色防控技术推广，对改善豇豆品质和商品价值，保护人们的身体健康，提高豇豆种植菜农收入和推进豇豆产业发展等都具有非常重要的意义。

本书由相关专业专家团队编写，紧贴农业生产实际，深入浅出，图文并茂，通俗易懂，对农户和基层的技术人员有很强的实践操作指导意义。由于编者水平有限，文中难免有错漏之处，敬请读者予以指正。

编　者

2021年1月

目录

一、概　　述

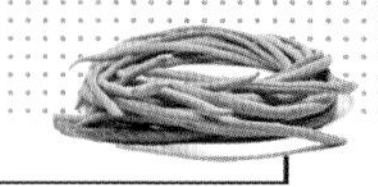

豇豆（*Vigna unguiculata* L. Walp）属豆科一年生植物，俗称角豆、姜豆、带豆、挂豆角。豇豆原产于非洲，后传入亚洲，分化出 *Vigna unguiculata* ssp. *biflora* 和 *Vigna unguiculata* ssp. *sesquipedlias* 两个亚种，被称为短荚豇豆和长荚豇豆，在国内也被称作短豆角和长豆角。豇豆营养丰富，平均含65%碳水化合物，籽粒含25%蛋白质，小于1.5%的脂肪以及丰富的矿物质和维生素，在改善人们饮食、调整农业种植结构中发挥着重要作用。同时豇豆也是一种很好的固氮植物，对改善土壤质量和肥力以及对下季轮作作物产生诸多正面影响。

（一）豇豆起源与分布

豇豆是古老的作物，我国大部分地区均有广泛栽培，主要以露地种植为主，从北部的黑龙江到南方的海南，从西部的新疆到东部的浙江均有种植。据生产调研统计，2020年我国豇豆生产面积约800万亩*，产量超过1 600万吨。河南、湖北、四川、江苏、湖南、浙江、安徽、广西、海南、河北、云南等地区年栽培面积超过15万亩，并形成了广西合浦、浙江丽水、江西丰城、湖北双柳等面积超过1.5万亩的大型专业化豇豆生产基地。国外在印度、美国、非洲、东南亚等国家和地区均有分布。

---

* 亩为非法定计量单位，1亩≈667米^2。——编者注

各省份的栽培季节和上市时间有所不同，从全年来看，我国从1—12月均有豇豆上市供应。值得一提的是，海南全年均可种植豇豆和上市供应，尤其冬春季节生产优势非常显著，最佳上市期在每年的1—4月，期间为少雨季节，阳光充足且气候温暖，对于农作物提高结实率很有利，同期其他省份南菜北运基地因受到冬寒或春寒影响，几乎没有产品上市参与竞争，海南豇豆弥补了市场空档，是全国冬春季豇豆的主要来源。因此，豇豆是海南冬季瓜菜产业的最大优势，是仅次于辣椒的第二大蔬菜作物，同时也因价格较高而成为当地农户的主要经济收入。

（二）豇豆营养价值与用途

豇豆营养价值高、口感好，是我国南北方广泛栽培的大众化蔬菜之一，普及程度在各类蔬菜中占据第一位，既可以露地栽培，又可以大棚栽培，在海南更是可以周年生产、四季上市。豇豆富含蛋白质、胡萝卜素、维生素等多种营养成分，其籽粒含蛋白质20%～25%，最高可达35%，是发展中国家，特别是非洲国家重要的粮食作物。豇豆的嫩荚、嫩豆粒和嫩茎叶可作蔬菜，嫩荚能加工制罐和速冻食品，还可腌渍和做泡菜；豇豆的干籽粒既可供人食用，亦可作饲料。其主要营养物质含有：

1. 蛋白质 豇豆是一种绿色菜品，平时人们多以食用豇豆的鲜嫩豆荚为主，豆荚中含有丰富的植物蛋白和大量碳水化合物，人们食用以后可以快速补充营养物质，加快身体代谢，有利于提高身体各器官功能。

2. B族维生素 B族维生素是豇豆中含有的重要营养成分，它的维生素B_1、维生素B_2以及维生素B_6的含量都很高，这些维生素可以直接作用于人类的肠胃，促进消化液分泌，提高肠胃的消化能力，另外它们还能抑制胆碱酶的活性，能促进消化也能增加食欲，缓解消化不良。

3. 维生素C 豇豆中除了B族维生素含量高以外，维生素C的含量也很丰富，这种物质既能消除人体内的多种炎症也能提高免疫细胞活性，而且能提高人体的抗病毒能力，平时经常食用豇豆还能有效预防维生素C缺乏病的发生。

4. 磷脂 豇豆中含有磷脂，该营养物质可以促进脑部发育，提高记忆力，能加快人体内胰岛素的分泌，直接参与人体内糖类的代谢，抑制人体对糖类的吸收，对高血糖有明显缓解作用，是适合糖尿病人和高血糖人群食用的健康食材。

二、豇豆的生物学特征

豇豆喜暖热气候，耐高温，不耐霜冻，15 ℃左右生长缓慢，5 ℃以下受冷害。耐干旱，适度耐阴，适应于中性或偏酸性的土壤生长，不耐积水，需要排水良好、透气性强。

（一）豇豆形态特征

1. 根 豇豆的根系发达，成株主根可深入土壤 80 厘米以上，侧根较多，主要根群分布在 15～20 厘米的耕作层内，有较强的吸收肥水的能力，比较耐旱、耐瘦瘠，是深根性作物。

2. 茎 豇豆的茎为草质茎，又称为蔓，表皮光滑，一般为绿色，横断面呈圆形，有些品种在茎节的附近有紫红色的花斑纹，茎节上能长出叶和花序，并能抽生出侧枝（侧蔓），在水肥条件优越时，几乎每个茎节都能萌发侧枝。

3. 叶 豇豆的子叶发达，通常不进行光合作用，只是贮藏养分。豇豆为子叶出土作物。豇豆第一对真叶为对生的单叶（图 1）。子叶为肥厚的贮藏营养物质的器官。当种子萌芽时，靠胚根的推力将子叶顶出土面。在幼苗自养阶段，第一对真叶开展至7～8 复叶。

4. 花 豇豆的花为蝶形花，总状花序。花冠多为紫红色至紫蓝色或浅黄色至乳白色，雌雄同花，雌蕊先熟，为高度自花授粉作物。每朵花由花药（雄蕊）、柱头（雌蕊）、花瓣（旗瓣、翼瓣、龙骨瓣）、花萼、花柄组成（图 2）。

图 1　豇豆发芽期

图 2　豇豆的花

5. 荚果　荚果的形状、颜色、长短、粗细因品种而异。一般呈浅绿色、深绿色、紫红色、白色或间有花斑彩纹等多种色泽。长荚种果长 30～100 厘米，短荚种果长只有 10～30 厘米。

荚果多呈粗线形，表皮光滑，有种子着生处稍鼓起（图 3）。

图 3 豇豆荚果

6. 种子 豇豆的种子呈肾形，表面光滑发亮或皱皮。种皮颜色因品种而异，有红、黑、白、褐、紫等色，或带有花斑。每荚内的种子粒数一般 8～20 粒，千粒重 400～500 克。豇豆种子的发芽年限为 3～4 年，但由于豇豆种子中的蛋白质含量高，若贮存不当，容易吸潮导致所含水分增多，极易发生虫蛀和霉变。

（二）豇豆生长发育规律

豇豆自播种至嫩荚采收结束一般需 90～120 天。不同品种、栽培方式、栽培季节、生育周期不同。豇豆生长发育需经过发芽期、幼苗期、抽蔓期和开花结荚期。

1. 发芽期 从种子萌动到真叶展开进行独立生活为止为发芽期。此期各器官生长所需的营养主要由子叶供应。真叶展开后开始光合作用，由异养生长转变为自养生长，所以初始的一对真叶是非常重要的，应注意保护，不能损伤或被虫咬。发芽期需6～8 天。

2. 幼苗期 从幼苗独立生活到抽蔓前（矮生品种到开花前）为幼苗期。此期以营养生长为主，开始花芽分化，茎部节间短，地下部生长快于地上部，根系开始木栓化。幼苗期需15～20天。

3. 抽蔓期 幼苗期后（即7～8片复叶后）主蔓迅速伸长，同时在基部节位抽出侧蔓，根系也迅速生长，并形成根瘤。抽蔓期需10～15天（图4）。

图4 豇豆抽蔓期

4. 开花结荚期 从现蕾开始到采收结束为开花结荚期。此期的长短因品种、栽培季节和栽培条件的不同而有很大差异，短的45天，长的可达70天。此期开花结荚与茎蔓生长同时进行。植株在此期需要大量养分和水分以及充足的光照和适宜的温度（图5—图7）。

图5 豇豆开花结荚前

图 6　豇豆开花结荚期

图 7　豇豆结荚盛期

（三）豇豆生长发育对环境条件的要求

1. 温度 豇豆耐热性强（35 ℃左右高温下仍能正常生长结荚），不耐低温霜冻，种子发芽最低温度为10～12 ℃，最适宜温度为25～30 ℃，开花结荚最适宜温度为25～28 ℃，植株生长最适宜温度为20～30 ℃，15 ℃以下生长缓慢，10 ℃以下生长受抑制，5 ℃以下容易受冷害。32～35 ℃的高温条件下，植株茎叶可以正常生长，但是花器官发育不健全，授粉受精受阻，落花落荚严重。

2. 光照 豇豆多属于中光性植物，短日照下能降低第1花序节位，开花结荚增多。豇豆喜阳光，也较耐阴，开花结荚期需要良好的光照，光照不足时落花落荚严重。豇豆按其对光照长短的反应分为两种类型：一类对日照长短要求不严格，这类品种在长日照和短日照条件下，都能正常发育结荚，长豇豆品种多属此类；另一类对日照要求比较严格，适宜在短日照季节栽培，在长日照条件下，茎蔓徒长，延迟开花。

3. 水分 豇豆要求适量水分，较耐干旱。发芽期和幼苗期，土壤不宜过湿，以免引起烂种，降低发芽率，或引起幼苗徒长，甚至烂根死苗；初蔓期（花前）适当控水；开花结荚期，要求适宜的空气湿度与土壤湿度，要保持土壤干湿交替，空气干燥、土壤干旱会引起大量落花，土壤含水量过大，又会引起茎蔓徒长，同样会大量落花落荚；结果盛期保证水分供应。

4. 土壤养分 豇豆适应性强，耐瘠薄、稍耐盐碱，大多数土壤都可种植，但以土层深厚、有机质含量高、排水良好、保肥保水性强的中性壤土为好。过于黏重或低洼、涝渍的土壤，不利于根系与根瘤菌发育。豇豆根瘤菌不及其他豆科作物发达，因此要保证肥料的供应，施肥时应氮、磷、钾配合施用，并应注意补施硼肥、钼肥，以促进结荚，增加产量。如需提升豇豆豆荚本身的风味和口感，可适当增加氨基寡糖素或海藻肥，帮助豇豆形成健壮的根系，增进其对土壤养分、水分与气体的吸收和利用；增大植株的茎秆维管束细胞，以加快水分、养分与光合有机产物的运输；提高豇豆的产量、品质以及增强豇豆的抗寒、抗旱、抗病能力，增效减药。海藻肥还能为豇豆提供各种营养元素，如氨基酸、多糖、维生素以及细胞分裂素等，破除土壤板结现象，延缓土壤盐渍化的速度。

三、豇豆的类型和部分品种

（一）豇豆的类型

豇豆依茎的生长习性可分为蔓生型和矮生型。蔓生型：主蔓、侧蔓均为无限生长，主蔓高达 3～5 米，具左旋性，栽培时需设支架。叶腋间可抽生侧枝和花序，陆续开花结荚，生长期长，产量高。茎蔓生长旺盛，长达 4～5 米，栽培时需设支架。豆荚长 30～90 厘米或 90 厘米以上，荚壁纤维少，种子部位较膨胀而质柔嫩，专门做蔬菜栽培，宜煮食或加工用。矮生型：矮生型主茎 4～8 节后以花芽封顶，茎直立，植株矮小，株高40～50厘米，分枝较多。生长期短，成熟早，收获期短而集中，产量较低。

（二）部分豇豆品种

目前，市场上的豇豆优良品种很多，主栽品种主要有之豇系列、苏豇系列、早豇系列、鄂豇系列、赣豇系列、宁豇系列、杨豇系列。本书对一些品种进行介绍：

1. 热豇 1 号　由中国热带农业科学院热带作物品种资源研究所研发，中熟品种，生长强势，主蔓 3～4 节着生第一花序，叶片中等，中下层开花结荚集中，持续翻花能力强，荚嫩绿色，荚长 80 厘米，条荚略粗，双荚率高，纤维少，肉质紧密耐贮存，耐热性好。

2. 宝丰豇豆　由广东省农业科学院蔬菜研究所研发，中早熟品种，植株蔓生，主蔓第6～7节开始着生花穗，花蓝紫色，荚长圆条形，长约56厘米、横径约0.8厘米，荚绿白色，有光泽，荚形整齐，双荚率高，无鼠尾，肉质脆嫩、纤维少，品质优。种子肾形、黑色。

3. 南豇1号 由海南省三亚市南繁科学技术研究院研发，早中熟品种，植株长势强，分枝少，叶片小、播种至初收60天左右，耐弱光；主蔓结荚为主，首花节位3节，结荚部位低，豆荚顺直、不弯曲、不易鼓籽、无鼠尾、荚色绿白、长80厘米左右，产量高，品质优。该品种抗病性强，采收期长。

4. 正邦候鸟 由江西正邦种业有限公司研发，早熟品种，第一花序着生节位3节左右，每个花序结荚2～3对，荚长60～80厘米，荚条整齐，双荚多，嫩荚绿白色，肉厚不易走籽，肉质脆嫩清香，商品性佳，抗病毒性强，适应性广。

5. 真翠6号 早熟品种，长荚肉厚，较早熟，植株长势较旺盛，始花3～4节；叶片大小适中，翻花及连续结荚能力强，条荚膨大迅速；荚条圆滚、上下均匀，颜色翠绿，荚面光滑；双荚，多荚率高。荚长可达80厘米左右，肉厚不易老化，少有鼓籽鼠尾。抗寒耐湿热，春秋均可栽培。盛夏播种时若使花荚期避开35℃以上高温可栽培。

6. 赣杂9号 中早熟品种，叶片中等，生长势强，分枝力中等；主蔓结荚为主，始花节位4～5节，条荚军绿色，荚长80厘米左右，荚面光滑顺直，上下粗细均匀；结荚多，采收期长，持续翻花能力强，不露籽，无鼠尾、肉质厚，品质好，耐老化，耐贮运，不早衰，适应春夏露地立架栽培。该品种气温在15℃以上可以播种，正常生长温度22～33℃，最佳开花结荚期适宜温度26～33℃。

7. 天畅7号 早熟品种，播种至初收春播55天左右，夏秋播40天左右，采收连续期30～45天，亩产约2.5吨。高抗锈病和霜霉病，叶片较小，叶色深绿，主蔓第3～4节着生花序，成对荚率高，荚长70～80厘米，色翠绿，耐老化。品质优，适合栽培温度 12～35 ℃。

8. 湘豇 1 号 中熟高产型豇豆品种，植株生长势旺盛，荚长 80 厘米左右，荚色嫩绿，有光泽，条荚顺直、粗壮，商品性好，美观油亮，耐老、耐热性好，无鼠尾，结荚能力强，丰产性好，抗逆性强，不易早衰，播种最佳生长温度为 24～33 ℃。

9. 美绿厚肉长豆角 植株生长旺盛，叶色绿，叶片中小，抗逆性、抗病性强，适应性广，早熟产品，丰产性高，结荚节位低，双荚率高，荚形顺直均匀，荚长约 60 厘米，荚色嫩绿，肉厚嫩脆。耐贮运，不易老化，品质好，适宜春季和早秋栽培。

10. 之豇系列品种 中熟品种，生长势较强，不易早衰，适宜夏秋季节栽培；嫩荚偏绿色，荚长约 70 厘米，肉质致密，耐贮运性好；根系强劲，耐旱、耐涝性能好，对病毒病、根腐病和锈病综合抗性强，商品性佳。

四、栽培管理

（一）豇豆种植选址

豇豆适应性强，耐瘠薄，稍耐盐碱，因此在大多数土壤上都可以种植。为保证豇豆的产量和品质，豇豆的种植仍应尽量选择土层深厚、疏松肥沃、有机质含量较高、排水良好的保肥保水性强的中性或偏酸性壤土，最适宜的土壤酸碱度为 pH 6.2～7。排水不良的土壤及地块不利于豇豆根系和根瘤发育，植株易染病，产量低；豇豆因有根瘤固氮，土壤也不宜过多施用氮肥，否则茎叶生长过于旺盛反而会降低产量。

（二）豇豆种植土壤处理

1. 开展轮作 轮作是用地养地相结合的一种措施，不仅有利于均衡利用土壤养分和防治病虫草害，可以促进土壤中对病原物有拮抗作用的微生物的活动，从而抑制病原物的滋生，还能有效改善田地生态条件，改善土壤理化特性，增加生物多样性，调节土壤肥力，最终达到增产增收的目的。合理轮作换茬，因食物条件恶化和寄主的减少，可使寄生性强、寄主植物种类单一及迁移能力小的病虫大量死亡。

种植豇豆时忌连作，可与水稻、玉米、花生等粮食类作物或叶菜、葱蒜类蔬菜进行轮作。为解决豇豆土壤连作障碍和次生盐渍化问题，首选水稻和豇豆进行水旱轮作，通过以水洗酸和淋盐，调节微生物群落，治理土壤酸化、盐化，减少土传病菌。

2. 土壤消毒 土壤消毒是一种高效快速杀灭土壤中真菌、细菌、线虫、杂草、土传病毒、地下害虫、啮齿动物的技术，能很好地解决作物的重茬问题，并能显著提高作物的产量和品质。在豇豆的种植过程中，主要针对预防枯萎病和根腐病进行土壤消毒，可采用噁霉灵、咪鲜胺、敌磺钠、生石灰等进行土壤消毒，结合石灰氮覆膜熏蒸。

3. 土壤修复和改良 在传统的豇豆种植过程中，农户为了追求高产和防治病虫害，大量使用了化肥和化学农药，破坏了土壤的结构，导致腐殖土和上层土下降、土壤中的有机生物被残杀、破坏土壤中的生态平衡等从而导致有机物的失调和流失。有些地区土壤板结情况异常严重，豇豆种植地成为废弃地。另外，大量使用化肥和化学农药加重了土壤酸化程度，导致有毒物质被释放，或使有毒物质毒性增强，对作物产生不良影响。土壤酸化还能溶解土壤中一些营养物质，在降雨和灌溉的作用下，向下渗透补给地下水，使得营养成分流失，造成土壤贫瘠化，影响作物的生长。

综上，种植豇豆还需要根据土壤的实际情况进行修复和改良，可施用黄腐酸类肥料和微生物肥、有机肥，补充固氮菌、溶磷菌、溶钾菌、乳酸菌、芽孢杆菌、假单胞菌、热防线菌等，增加土壤有益微生物的种群和活性，抑制病原微生物的增殖。

（三）豇豆田间栽培技术

根据豇豆各个生长阶段的特点和特性，对豇豆的绿色高效栽培技术总结如下：

1. 整地施肥 豇豆播种前 7 天需进行晒田，深翻要求为 30 厘米。深翻前每亩地撒生石灰 50～75 千克，撒完生石灰后在土壤表层洒少量水，促进土壤消毒杀菌。土壤处理结束后即可耙平作畦。若采用双行植则畦宽取 140～160 厘米；若采用单行植则取畦宽 70～80 厘米。为避免涝渍，宜采用深沟高畦种植，畦高约 30 厘米。

为保证豇豆产量和品质，施用基肥必不可少。基肥以农家肥等有机肥为主，每亩可施腐熟优质有机肥1～2吨，加磷酸钙40千克、尿素25千克，或施用商品有机肥150～300千克加氮磷钾三元复合肥（15-15-15）40千克与土壤混匀，之后作畦。采用银黑双色地膜可保墒防雨，提高地温，还可驱避蚜虫，减少病毒病的传播和发生。选用银黑双色地膜铺设时，使用时银灰色面朝上驱避蚜虫，黑色朝下防止杂草，注意覆膜四周应用土块等封严盖实。若要使用微喷灌带进行水肥管理，则在整地施肥后在垄上距离种植行8～10厘米铺设一条微喷灌带，之后再铺地膜，微喷灌带长度控制在15米以内。

2. 种子处理 选择生长旺盛、耐热性强、早熟、高产、适应性强的优良品种，以及饱满、无病虫害、无损伤和明显具有该品种特征的种子。种子纯度不低于95%，发芽率不低于90%，在播种前将种子于阴凉环境下晾晒半天至1天，严禁暴晒，提高种子活力和发芽率。播种前，可采用种子重量0.5%的25%噻虫·咯·霜灵（22.2%噻虫胺+1.1%咯菌腈+1.7%精甲霜灵）悬浮种子剂或种子重量0.2%的25克/升咯菌腈种子处理悬浮剂等种衣剂拌种。

3. 播种方式 播种有直播和育苗移栽2种方式。

（1）直播。由于豇豆的根系再生能力较弱，因此，栽培上多采用直播的方式。播种时多采用有包衣的种子，对没有包衣的种子用50%多菌灵500倍液浸泡15分钟后冲洗干净，再用干净的水浸泡1～4小时后直播。直播时，播种深度1～2厘米，每穴播3～4粒种子。出苗后间苗，每穴留1～2株。

（2）育苗移栽。育苗移栽能使出苗整齐，且可提早播种，提早收获，延长豇豆采收期。由于豇豆的根容易木栓化，再生能力弱，因此育苗移栽应在第1对真叶展开时进行移植才有利于成活。育苗基质可自制育苗基质椰糠（体积比为4∶1的椰糠和沙子混合物），或选用商品基质。每穴2～3粒种子。种子处理方法与直播的一致。

需要注意的是，无论是直播还是移栽，若采用设施栽培，豇豆苗常面临徒长的问题。因此需注意幼苗阶段要加强通风透光，控制温湿度，进行合理的肥水管理，控制氮肥用量，以抑制苗的过度生长。

4. 间苗定苗 合理进行密植是豇豆能高产的主要原因。出苗率不太好的时候，一定要注意及时查苗和补缺。豇豆的间苗和定苗一般应在1叶1心至2叶1心时进行，这样能减少一些断根，还可以提高移苗的成活率。豇豆的种植密度根据不同季节和不同品种灵活掌握。

5. 种植密度 种植密度是指在单位面积上按合理的种植方式种植的植株数量，一般以每亩株（穴）数来表示。豇豆是喜温喜光作物，种植一定要注意密度的合理性，栽培密度过大不利于生长，甚至还会出现死苗的现象；过小不利于提高产量。合理的种植密度还可以增强田间的通风。种植密度具体根据品种特性、种植季节的天气和种植模式进行适当调整。栽培方式不同种植密度不同。

（1）大棚栽培种植密度。大棚栽培由于日照强度减弱，可减小播种密度，虽然产量有所降低，但可提高豇豆质量。大棚中种植蔓生性品种，合理的密度为穴距25～30厘米，行距66～70厘米，每亩3 500～4 500穴，每穴2株；大棚中种植矮生品种，由于占地面积较大，可减小行距，增大穴距。一般穴距30～35厘米，行距60～65厘米，每亩3 500～4 500穴，每穴2株。

（2）露天栽培种植密度。露天栽培日照强度较为充足，可加大播种密度，提高产量。蔓生型豇豆露天栽培一般穴距20～25厘米，行距55厘米，每亩4 000～5 000穴，每穴2株；矮生型豇豆露天栽培一般穴距25～30厘米，行距50～60厘米，每亩4 000～5 000穴，每穴2株。

一般来说，春冬茬豇豆由于生长期处于低温、弱光环境下，光合作用受阻，植株营养受到限制，所以在定植时一定不能太密，以防叶片相互遮光，植株密度可以适当减小；夏秋茬豇豆由于生长期温度较高且光照充足，种植密度可以适当加大。不同的豇豆品种和播种方式对种植密度也有不同的要求，种植时也应考虑在内。育苗移栽的幼苗，因营养生长较直播的弱，可适当加大种植密度。

6. 中耕培土 豇豆在定植并且缓苗以后，就要立刻做好中耕培土的措施，这样可以让种植地块的土层更疏松，有利地块的温度增高，让豇豆的根生长更顺利。从定植到豇豆花朵开放之前，每隔1个星期的时间就要中耕1回。中耕的同时要把豇豆的根部进行培土，这样能让它的根侧生出来很多小根，增加吸收水分和养分的力度。

覆盖地膜种植豇豆，畦面不长杂草，无须中耕，只需在地膜边长出较浓密杂草后使用除草药剂或人工拔除。未覆盖地膜种植豇豆，缓苗水浇后或直播苗齐后，进行第1次中耕，并结合除草进行。苗间、行间可深8厘米左右，靠近幼苗周围只破表土即可，以免伤根。

7. 搭架引蔓 豇豆抽蔓迅速，一般来说，当植株叶片达到5～6片时就应及时准备搭架引蔓，架型一般采用比较抗风的直插式，使用竹竿搭“人”字形架或耒状架为多，每穴一竿。插好后要及时人工辅助引蔓上架，最好选择晴天的午后进行，此时茎蔓较柔韧，不易在操作时被折断。按逆时针方向把蔓缠绕在毛竹竿上。此时需要及时用稻草将茎蔓定位在架竿上。植株满架前，一般需要人工辅助绕蔓3～4次。若使用设施栽培，除了竹竿搭架外，还可在棚顶按豇豆的种植方向拉铁丝，然后用塑料包装绳缠在铁丝上，将豇豆牵引上去。豇豆是靠主蔓结荚，修剪主蔓的第1花序下方的侧枝，以加强主蔓的花序数量和结荚数量，提高产量。

(1) 豇豆插架架型分析。“人”字架型：在架高1/3处，沿畦长平行架一长竿，与相对两穴架捆绑在一起，使每畦架成一体，以增加抗倒伏性（图8)。耒状架：将相对应的四穴架竿绑在一起（图9)。耒状架缺点：顶部捆束处易相互缠绕，影响叶蔓的合理分布，降低光合效率。为节约竹子、人力和工时，可采取搭架加吊绳引蔓的搭架方式，减少成本。如在大棚内种植豇豆，可在大棚顶部用直径为5毫米规格的尼龙绳连接固定，两端用木桩将绳斜拉固定或挂在大棚内部框架上，用尼龙绳引蔓（图10）。为提高搭架的牢固性，一般每垄长度控制在 15～20 米。

图 8　豇豆“人”字架

图 9　豇豆耒状架

图 10　防虫网内尼龙绳引蔓

(2) 豇豆插架注意事项。

① 优良品种第 3 节以上每节都有花序，顶部每增加一个节位便会多结两条荚。1.5 米宽标准畦搭架所用竹竿的高度以 2.3～2.5 米为宜，这样可保持 12～15 个节位。

② 过高的竹竿搭架会造成相邻畦架顶相交，茎蔓满架后造成畦间透光差，影响开花、结荚和果荚的发育。

③ 搭架竹竿超过 2.5 米，需适当扩大畦面，增加行距。

(3) 植株调整的必要性和方法。

长豇豆茎蔓有逆时针缠绕性，需及时人工辅助引蔓上架，调整植株茎叶分布。

① 引蔓多选择午后茎蔓较柔软时进行，以免折断，同时逆时针缠绕，以免影响正常生长，整个生长期需人工辅助绕 2～

3 次。

② 高产栽培应尽可能选用侧蔓较少的品种。对侧蔓较多的品种，在田间密度显得过大时，需及时打杈。

③ 主蔓第 1 花序以下的侧枝必须全部摘除，一般侧枝在第 1～2 个节位上有花序，依情况在花序前留 1～2 片叶摘心。

④ 主蔓伸出竹竿顶部时，要及时打顶摘心，当茎蔓无处攀缠而侧挂时，其后的花序伸长无力，花序柄短缩，不能正常结荚，顶部叶蔓负重太大易折断架竿或造成田间郁蔽，畦间通风透光差，影响产量。

8. 整枝　整枝能调节豇豆生长和结荚、减少养分消耗改善通风并透光，有利于早开花结荚，提早收获上市。整枝方法如下：

（1）抹底芽。为使主蔓粗壮且花序早开花结荚，当主蔓第 1 花序以下的侧芽长至 3 厘米左右时应及时彻底摘除。

（2）打腰枝。对主蔓第 1 花序以上各节位的侧枝摘心，留 1～3 叶，保留侧枝花序以增加结荚部位。第 1 次产量高峰后，对叶腋间新萌生的侧枝（二茬蔓）也按此操作（打群尖）。对于侧蔓结荚型品种，第 1 花序以上的侧枝采用相同操作，而侧枝可按品种特性适当选留。

（3）主蔓摘心。当主蔓长出第 1 个花序时，花序以下的侧枝应全部摘除，花序以上的侧枝要进行摘心；当主蔓长 15～20 节，达 200～230 厘米时摘心封顶，以控制株高，促进下部节位花芽的形成和发育，维持良好光照。矮生豇豆可以在主枝 30 厘米高时摘心，以促进侧枝发生和早熟。

（4）摘老叶老枝。在豇豆生长盛期，如果底部通风透光不良则易引起后期落花落荚。因此可分次剪除下部老叶。在豇豆生长后期，要注意剪除老化的枝蔓，促进新生蔓的生长，提高后期产量。

五、豇豆的水肥管理

豇豆喜肥但不耐肥，水肥管理主要包括3个方面：一是施足基肥，及时追肥。二是增施磷钾肥，适量施氮肥。三是先控后促，防止徒长和早衰。植株营养是增加花序和成荚的关键。基肥充足，可促进根系生长和根瘤菌的活动，多形成根瘤，使前期茎蔓健壮生长，分化更多的花芽，为丰产打下基础。豇豆在开花结荚以前，对水肥条件要求不高，管理上以控为主。结荚以后，重在巧妙追肥浇水，如果水肥供给不足，植株生长衰退，出现落花落荚。

基肥一般施用优质的有机肥，过磷酸钙、草木灰。基肥充足，苗期不再追施有机肥，天气干旱时，可适当浇水。若水肥过多，茎叶徒长，造成花序节位上升，数目减少，形成中下部空蔓。当植株第1节花序豆荚坐住，其后几节花序显现时结合追肥灌1次水，每亩追施氮磷钾三元复合肥（15-15-15）8～10千克，灌水20～30吨。结荚以后，经常保持土壤湿润，隔1～2周再灌水追肥1次，以保持植株健壮生长和开花结荚。进入豆荚盛收期，需要的水肥较多，可再进行1次灌水追肥，每亩施尿素10千克、过磷酸钙20～25千克、硫酸钾5千克或草木灰40千克，每亩灌水20～30吨。如果水肥供给不足，则植株生长衰退，出现落花落荚。

（一）水分和温度管理

豇豆的抗旱能力非常好，从定植到花朵开放这段时间一般不需要补充太多水分，只需保持土壤不干燥便可，避免它的茎和叶子出现徒长。豇豆开花的时候通风量要加强，以降低湿度来改善授粉条件，防止花朵掉落并且可以降低病害的发生概率。豇豆耐旱，南方春季雨水较多，不必灌水，而夏、秋两季属高温干旱，应注意施肥灌水，以减少落花落荚，防止蔓叶生长早衰，延长结果提高产量。

使用直播的播种方法，应在播种前一天将土壤浇透。而若使用育苗移栽的方法，则定植后的第1次灌（滴）水需浇透，否则会导致豇豆生长参差不齐。豇豆苗基本出齐后可灌（滴）水定根。出现花蕾后灌（滴）小水；第1节花序开花坐荚且3～4节花序显现后灌（滴）足头水；待中、下部豆荚伸长且中、上部花序出现时灌（滴）第2次水，到结荚期之后，视土壤干湿度进行灌（滴）水。

豇豆抽蔓后，特别是开花结荚期，水量宜保持在田间最大持水量的60%～70%，空气相对湿度最好控制在70%～80%。雨水过多会明显降低豇豆的结荚率。因此，在雨天应做到及时排水。

温度的控制也要做好，白天温度最好能维持在20～25℃，晚上温度最好能维持在15～20℃。豇豆开花以后，白天温度最好能在20℃左右，晚上温度最好能在15℃以上，这样对豇豆的开花和结果非常有利。

大棚设施定植豇豆1周之内，正常不需要通风和换气，让大棚里保持较高的温度可以有助于豇豆缓苗。如果温度高于30℃，中午的时候可以适当通风，从缓苗到豇豆花朵开放这段时间温度最好能维持在25℃上下，豇豆生长的速度就会加快很多；豇豆花朵开放和结荚时期，温度在维持20℃左右的情况下，通风量大，更有利授粉、结荚量也显著增加。温度与湿度太高，豇豆容易落花落荚，棚内湿度控制在75%左右为宜。白天和晚上都要放底风，这样能够让豇豆结荚量更多、豆荚更肥大。增加豇豆产量的同时，也能让它的商品性更好，更有利于销售。

（二）施肥管理

1. 豇豆需肥情况 豇豆的根系发达，但再生能力较弱，主根的入土深度一般在80～100厘米，根群主要分布在15～18厘米的耕层内，侧根稀少，根瘤也比较少，固氮能力相对较弱。豇豆对土壤的适应性广，以肥沃、排水良好、透气性好的土壤为宜，过于黏重和潮湿的土壤不利于根系的生长和根瘤活动。在植株生长前期（开花结荚前），由于根瘤尚未充分发育，固氮能力弱，应该适量供应氮肥。开花结荚后，植株对磷、钾元素的需求量增加，根瘤菌的固氮能力增强，这个时间由于营养生长与生殖生长并进，对各种营养元素的需求量增加。研究表明：每形成100千克种子，约需氮5千克，磷1.7千克，钾4.8千克，钙1.6千克，锰1.5千克，硫0.4千克。因为根瘤菌的固氮作用，豇豆生长过程中需钾素最多，磷素次之，氮素相对较少。因此，在豇豆栽培中应适当控制水肥，适量施氮肥，增施磷、钾肥。

2. 科学施肥 豇豆生产上必须先施足基肥，再增施磷、钾肥，这是获得豇豆丰产的科学方法。豇豆施足基肥好处多，春季能提高土温，早发根、早成菌；夏季多雨不便追肥时，可以持续供给养分，不致脱肥早衰；秋季可加速植株稳长健长，早发早收，避开冻害。农谚“三追不如一底”，充分说明施足基肥的重要性。豇豆施足基肥后，幼苗期需肥量少，要控制水肥，尤其注意氮肥的施用，以免茎叶徒长，分枝增加，开花结荚位升高，花序数减少，形成中下部空蔓不结荚。盛花结荚期需肥水多，必须重施结荚肥，促使开花结荚增多，并防止早衰，提高产量。根据豇豆根系吸肥特点和需肥特征，结合豇豆的种植技术，应做到如下科学施肥：

（1）重施基肥。基肥以腐熟的有机肥为主，配合施用适当比例的复混肥料。施用基肥时应注意根据地块的肥力，适量增、减施肥量。一般情况下，整地时每亩可施腐熟有机肥1～2吨加氮磷钾三元复合肥（15-15-15）25千克、过磷酸钙15千克或商品有机肥150～300千克，加氮磷钾三元复合肥（15－15－15）40千克，硼砂1.5千克。

（2）巧施追肥。定植后以蹲苗为主。苗期，要注意控制氮肥施用量。可每亩施用腐熟的人粪尿或尿素3千克兑水施2次提苗。当植株第1节花序坐荚后，每亩追施氮磷钾三元复合肥（15－15－15）8～10千克。以后，每隔7～10天追1次氮磷钾三元复合肥（15－15－15）8～10千克。第1次产量高峰出现后，为防止植株早衰，一定要注意肥水管理，促进侧枝萌发和侧花芽的形成，并使主蔓上原有的花序继续开花结荚。追肥时，结合浇水、膜下滴灌或肥水一体化走肥，勿大水漫灌。遇到15℃以下低温天气或雨天不宜追肥。

（3）适时适量施叶面肥。进入生长盛期，可在豇豆苗期、花芽分化期、果实成熟期进行叶面喷施，补充磷、钾、硼和钼元素等豇豆生长所需的多种养分，防止早衰，促茎秆粗壮和生殖生长，促籽粒灌浆和转色增甜，改善叶色、果实光泽度和风味，提高豆荚品质。叶面施肥优点：养分吸收快，肥效好；减少成本，方法简便；针对性强，能快速补充所需元素，效果明显。

叶面施肥常用有尿素、磷酸二氢钾、氯化钙、硼酸钠、硫酸锰、硫酸铁、硫酸镁、硫酸铜、硫酸锌、钼酸铵、腐殖酸等。根据豇豆表现的缺素症状来决定叶面肥的喷施。

① 叶面肥使用方法。一般尿素使用浓度0.2％～0.4％，磷酸二氢钾0.15％～0.25％，氯化钙0.25％～0.4％，硼酸钠0.4％～0.8％，硫酸锰0.1％～0.2％，硫酸铁0.1％～0.2％，硫酸镁0.8％～1.5％，硫酸铜0.02％～0.04％，硫酸锌0.1％～0.2％，钼酸铵0.01％～0.02％。叶面喷雾2～3次，每次间隔7～14天。

② 影响叶面肥使用效果因素。

a. 施肥时间。叶面肥应选在晴天下午5时后进行，防止肥料溶液在强光高温下迅速蒸发变干，导致豇豆吸收率降低甚至引起肥害。一般肥料溶液在叶片上湿润时间能达30～50分钟，豇豆对养分的吸收速度快，吸收量大，增产效果好。

b. 施肥用量。豇豆对微量元素的需求从缺乏到过量之间变幅较小，使用前通过豇豆的表现症状进行分析诊断，科学确定使用量。

c. 喷施部位。从叶片的结构来看，叶背面大多为海绵组织，细胞间隙较大，气孔多，肥料溶液通过比较容易。所以，叶面喷施时，喷洒到叶片的背面效果较好。

d. 施肥工具。叶面施肥采用雾化性能好的工具，可提高肥料溶液的雾化程度，增加肥料与作物的接触面积。

(4) 巧施翻花肥。在豇豆采摘至顶上部时，通过施翻花肥和加强管理能促进豇豆腋芽与花梗的花芽重新分化、开花和结荚。翻花肥的施加勿过早或过晚，翻花肥施早了起不了促花的效果，施迟了豇豆的植株已经开始衰败。若施肥得当，则原有的花梗上一般可重新分出3～4朵花。一般每亩施尿素25～30千克、钾肥10千克；如果土壤干燥应把肥料溶于水中浇施。特别须注意，若要进行翻花栽培，采摘时一定不能碰伤豇豆的花柄，否则无法再分化出花芽。

(5) 肥水一体化技术。无论是露地栽培还是设施栽培，常覆盖地膜均可使用肥水一体化技术，这不仅能提高肥料的利用率，由于地膜的铺设，还能达到保水和防止杂草生长的效果。使用肥水一体化技术追肥时，可将肥料溶解在水中，通过微喷灌带进行施肥。施肥时需注意肥液应沉淀后去除沉淀物，以防滴孔堵塞；使用高浓度肥液时流量不宜太大，防止损害作物根系。施肥结束后，应灌水数分钟，以便将管内残余肥液冲净。

(6) 豇豆施肥注意事项。豇豆具体的施肥量还需根据当地的土壤肥力水平确定。施肥时需注意肥水结合，有肥无水等于无肥。适当使用控释BB肥（英文全称为Bulk Blending Fertilizer），进行测土配方施肥，可大大提高肥料的利用率，明显减少施肥次数，节约施肥劳力和降低生产成本，提高豇豆种植的经济效益。豇豆施用化肥10个原则：

一是不撒施磷素化肥。磷素化肥在土壤中移动性很小，撒施特别容易使其被土壤表层吸附固定，大大降低磷素的肥效。二是不过量施用氮肥和氯肥。豇豆根部附生根瘤菌，如果氮肥施用过多会影响根瘤氮的固氮能力，氯肥施用过多会影响豇豆植株的正常生长。三是大雨前不施肥。施肥后如遇大雨或暴雨，肥料很容易被雨水冲走，造成养分流失。四是不单施微肥。施锌、钼、硼等微肥可以解决作物缺素，但如果单施微肥就会造成豇豆营养不良，生长发育受阻，增加肥料开支。五是要合理搭配。即有机肥和复合肥合理搭配，先施有机肥，再施氮、钾、磷复合肥。同时考虑肥料的性质，不能任意搭配。如将铵态氮肥与草木灰、石灰、磷肥等碱性肥料混合施用，势必加速氮素的挥发，导致肥料浪费，还会熏坏豇豆。六是正午不施肥。正午气温高，液肥喷洒后不但蒸发快，而且在作物体表不易被很好地保留，也就难以被气孔、皮孔尽快吸收。七是不在土壤表层施氮肥。氮肥受阳光照射后容易分解挥发。八是不过量施用高浓度肥料。一次大量使用高浓度肥料会使豇豆出现“倒吸”现象，导致根部受到伤害。九是不随水撒施化肥。磷肥、钾肥易被固定，氮肥易于挥发流失，随水撒施的肥料基本上都停留在表土，肥料利用率低。十是不在大棚内施用氨水和碳铵，两种肥料在大棚内容易挥发，导致植株被熏伤，影响正常生长。

3. 缺素症状和防治措施 微量元素对促进豇豆的生长非常重要，如豇豆虽有根瘤菌能自养，但开花结荚前根瘤少，固氮能力弱，因此仍需补充适量氮元素，才能满足花芽分化、增加花朵数量和提高结荚率的需要。豇豆对磷钾反应敏感，磷不足，植株生长不良，开花结荚少，抑制根瘤菌形成，降低固氮能力；钾不足，叶片发黄，使植株早衰。不同的生长阶段，豇豆对元素的需求也有所偏重，如苗期固氮能力弱，需有适量的氮肥，才能满足幼苗生长需要；开花结果期对磷、钾肥的吸收量较大，应多增施磷钾肥。豇豆缺失微量元素的表现及防治如下：

（1）缺氮。豇豆缺氮会使基部全叶变黄甚至脱落，后逐渐上移遍及全株；新叶窄小且薄，生长慢，颜色淡绿。植株矮小，茎秆细弱，分枝少，侧芽易枯死；坐荚少或落花落果较严重，果实生长较慢，颜色淡，果实变小，畸形果增多；植株长势弱，抗逆性差，容易发病；收获时间缩短，产量降低，品质差（图 11）。

图 11　豇豆缺素症

① 缺氮发生原因。土壤本身含氮量低；种植前施大量没有腐熟的作物秸秆或有机肥，导致土壤中碳素过多，其分解时夺取土壤中的氮；产量高、收获量大时，从土壤中吸收氮多而追肥不及时。

② 缺氮防治方法。施用新鲜的有机物（作物秸秆或有机肥）作基肥时要增施氮素或施用完全腐熟的堆肥。出现缺氮症状时，及时施用氮肥和尿素，或硫酸铵，以穴施或撒施为主，并辅以 0.2%～0.5%的尿素水溶液进行叶面喷施。

（2）缺磷。豇豆缺磷时植株生长缓慢，茎秆细弱，分枝较少或不分枝；根系发育差，生根少，根系不发达；苗期叶片颜色深、发硬且无光泽，叶柄呈紫色，个别叶片呈红色或紫色，易落叶；结荚期下部叶片黄化，上部叶片小并稍微向上挺。

① 缺磷发生原因。磷肥用量少易发生缺磷症，地温常常影响磷的吸收。温度低，磷的吸收就少，大棚等保护地冬春或早春易发生缺磷症状。

② 缺磷防治方法。豇豆苗期特别需要磷，要特别注意增施磷肥，施用足够的堆肥等有机质肥料。磷肥的施用应以基施为主，前茬作物收获后，豇豆播种或定植前，每亩施用磷酸二铵，以沟施或穴施为主，最好与有机肥同时施用。豇豆生长中出现缺磷症状时，每亩追施磷酸二氢钾（穴施），同时叶面喷施磷酸二氢钾水溶液。

（3）缺钾。豇豆缺钾时基部老叶尖端和边缘变黄，逐渐干枯成褐色，叶脉两边和中部仍保持绿色。严重缺钾时，植株中上部大部分叶片干尖或干边，茎秆细长，抗倒伏能力差；荚果发育不良，易成畸形果；植株生长势弱，抗旱、抗寒、抗病能力差，易早衰，产量低（图12）。

图12　豇豆缺素症

① 缺钾发生原因。土壤中含钾量低，而施用堆肥等有机质肥料和钾肥少，易出现缺钾症；地温低，日照不足，土壤过湿、施氮肥过多等阻碍对钾的吸收。

② 缺钾防治方法。施用足够的钾肥，特别在豇豆生长发育的中、后期不能缺钾。出现缺钾症状时，应立即追施硫酸钾等速效肥，穴施或沟施，辅以浇水，同时进行叶面喷施3%的磷酸二氢钾水溶液2～3次，每次间隔10～15天。

(4) 缺钙。豇豆缺钙时细胞分裂不能正常进行，影响根尖和茎尖发育。植株矮小或生长缓慢，顶叶的叶脉间淡绿或黄色，幼叶卷曲，叶缘变黄失绿后从叶尖和叶缘向内死亡；顶芽发育不良，严重时溃烂死亡；茎粗大木质多，茎端营养生长缓慢；侧根尖易发生溃烂坏死呈瘤状突起。

① 缺钙发生原因。土壤中氮多、钾多或土壤干燥，阻碍对钙的吸收；空气湿度小，蒸发快，补水不足时易产生缺钙；亦可能是土壤本身缺钙。

② 缺钙防治方法。若土壤钙不足，增施含钙肥料；避免一次施用大量钾肥和氮肥；适时浇水，保证水分充足。在施用基肥时增加有机肥施用量，在中性砂质土壤中，以过磷酸钙作为基肥进行施用。发现缺钙症状时，及时用0.3%的氯化钙水溶液喷洒叶面。

(5) 缺镁。豇豆缺镁主要发生在生长的中后期，叶脉间失绿变黄，有时从叶缘开始黄化，严重时叶脉及两侧为绿色，其他部分全部失绿变黄坏死。

① 缺镁发生原因。土壤本身含镁量低；钾、氮肥用量过多，阻碍对镁的吸收，尤其是大棚栽培更明显。

② 缺镁防治方法：土壤诊断若缺镁，在栽培前要施用足够的含镁肥料；避免一次施用过量的、阻碍对镁吸收的钾、氮等肥料。缺镁主要发生在中后期。豇豆生长中发现缺镁，及时叶面喷施1%～2%硫酸镁水溶液进行防治。

(6) 缺铜。铜对促进植物呼吸和光合作用非常重要，豇豆缺铜幼叶叶尖失绿，出现白色叶斑，新生叶变小呈蓝绿色，节间短，植株矮小，籽粒不饱满；缺铜还会明显影响豇豆的生殖生长，繁殖器官发育受阻，裂果或不能结果，影响产量和质量，轻则减产10%～20%，重则减产一半以上。

① 缺铜发生原因。土壤中缺铜或土壤的pH过高。在碱性土壤中，铜易发生沉淀或吸附能力强，不易溶解使其有效性降低。

② 缺铜防治方法。豇豆发生缺铜症时可使用硫酸铜700倍溶液进行叶面喷雾。

(7) 缺铁。豇豆缺铁时首先在植株幼叶上表现出来，幼叶叶脉间出现失绿呈网纹状。缺铁严重时幼叶全部变为黄白色甚至干枯，而老叶仍为绿色。

① 豇豆缺铁发生原因。碱性土壤、磷肥施用过量或铜、锰在土壤中过量易缺铁；土壤过干、过湿、温度低，影响根的活力，易发生缺铁。

② 缺铁防治措施。尽量少施用碱性肥料，防止土壤呈碱性，土壤pH应在6～6.5；注意土壤水分管理，防止土壤过干、过湿。发现缺铁症状时，用0.1%～0.5%硫酸亚铁水溶液或柠檬酸铁100毫克/升水溶液喷洒叶面。

(8) 缺锌。豇豆缺锌时生理代谢缓慢，光合作用减弱，叶片失绿。节间变短，植株矮小，生长受抑制，茎顶簇生小叶，株形丛状，叶片向外侧稍微卷曲，不开花结荚，产量降低。从中部叶片开始褪色，与健康叶片比较，叶脉清晰可见；随着叶脉间逐渐褪色，叶缘从黄化到变成褐色。

① 缺锌发生原因。光照过强易发生缺锌；若吸收磷过多，植株即使吸收了锌，也表现缺锌症状；土壤pH高，即使土壤中有足够的锌，但其不溶解，也不能被作物所吸收利用。

② 缺锌防治方法。不要过量施用磷肥。缺锌时可用0.1%～0.2%硫酸锌水溶液喷洒叶面。

(9) 缺硼。豇豆缺硼时首先表现在枝、叶、花和果实上。前期表现为新抽出的枝条和顶梢停止生长，幼叶畸形并皱缩，叶脉间出现不规则的褪绿斑。植株下部老叶变厚，叶和茎变脆。严重缺硼时，地下根尖坏死，地上部分生长点坏死，植株矮小，开花结果受到抑制，落花落果严重或花而不实，结果稀少，豇豆有坏死斑点。

① 缺硼发生原因。土壤干燥影响对硼的吸收，易发生缺硼；土壤有机肥施用量少，在土壤 pH 高的田块也易发生缺硼；施用过多钾肥，影响对硼的吸收，易发生缺硼。

② 缺硼防治方法。施用硼肥，要适时浇水，防止土壤干燥；在缺硼的土壤上施基肥时，每亩施用硼砂 1.0 千克与农家肥或有机肥配施，沟施或穴施。发现缺硼症状时，用 0.5%的硼砂或硼酸水溶液喷洒叶面进行防治。

（10）缺钼。一般老叶先出现症状，新叶症状不明显。叶色发淡，并出现许多细小的灰褐色斑点，叶片变厚变皱，因内部组织失水而呈萎蔫状态，叶片边缘向上卷曲，呈杯状；缺钼严重时，上位叶色浅，主、枝脉色更浅。支脉间出现连片的黄斑，叶尖易失绿，后黄斑颜色加深至浅棕色；植株生长势差，常造成植株开花不结荚。豇豆缺钼根瘤生长发育不正常，影响固氮效率。

① 缺钼发生原因。酸性土壤易缺钼；含硫肥料（如过磷酸钙）的过量施用会导致缺钼；土壤中的活性铁、锰含量高，也会与钼产生拮抗，导致土壤缺钼。

② 钼防治方法。改良土壤防止土壤酸化。出现缺钼症状时，叶面喷施 0.05%～0.1%的钼酸铵水溶液进行防治，分别在苗期与开花期各喷 1～2 次。

4. 预防豇豆早衰

（1）选择优良品种。最好是早熟和中早熟品种。早熟品种也要保证早熟而不早衰，耐雨、耐旱、抗逆性强。

（2）合理轮作。豆类作物忌连作，连作会导致有毒物质积累，土壤的有机养分含量减少、土壤酸化、土壤板结、土壤耕作层变浅等，连作为病原菌生存和繁殖提供了丰富的营养和寄主，会导致病虫害加重。豇豆可以与水稻轮作，水旱轮作可大量减少病虫害的发生，还有利于降低土壤盐渍化。

（3）后期及时追肥。后期养分缺乏也是导致豇豆早衰的一个主要原因。在开花结荚前，豇豆对水肥的要求不是很高，管理上以控为主。豇豆结荚以后，要及时追肥浇水，施氮磷钾复合肥，灌水。进入豆荚盛收期，需施尿素、过磷酸钙、硫酸钾，灌水。这样不仅可有效防止豇豆早衰的发生，而且也延长了豇豆生育期，提高了豇豆后期产量。

（4）及时有效地整枝。为促进豇豆开花结荚，延缓其早衰，可采取整枝打尖措施。将主茎第 1 节花序以下的侧枝全部抹去，保证主蔓健壮。主茎第 1 节花序以上各个节位的侧枝，要在早期留2～3 叶摘心，促进侧枝上形成第 1 节花序。

六、豇豆主要病虫害识别、发生与防治

（一）豇豆主要病害

1. 豇豆细菌性疫病

（1）症状识别。该病为细菌引起的病害。危害部位主要为叶片，但也危害茎蔓和豆荚。在潮湿条件下，发病部位常有黄色菌脓溢出。病苗出土后，子叶呈红褐色溃疡状，或在着生小叶的节上及第2片叶柄基部产生水渍状斑，扩大后为红褐色，病斑绕茎扩展，幼苗即折断干枯。叶片染病：开始表现为叶尖或叶缘，初期呈暗绿色油渍状小斑点，后扩展为不规则形褐色坏死斑，病变组织变薄近透明，周围有黄色晕圈，病部变硬易脆裂，严重时病斑连合，终致全叶变黑枯或扭曲畸形，呈干枯火烧状。嫩叶受害表现为皱缩、变形、易脱落。茎蔓染病：开始表现为水渍状，渐渐发展为红褐色溃疡状条斑，稍凹陷，绕茎1周后，致病部以上茎叶枯萎。豆荚染病：发病初期生暗绿色油渍状小斑，后扩大为稍凹陷的圆形至不规则形褐斑，严重时豆荚皱缩。种子染病：种皮皱缩或产生黑色凹陷斑。湿度大时，叶片、茎蔓、果荚病部或种子脐病部常有黏液状菌脓溢出。

（2）发病条件。该病由豇豆细菌疫病黄单胞菌侵染所致。病菌在种子内和随病残体留在地上越冬。通过风雨、昆虫、人畜等传播，从气孔侵入。高温、高湿、大雾、结露容易发病。夏秋天气闷热，连续阴雨、雨后骤晴等病情发展迅速。管理粗放、偏施氮肥，大水漫灌、杂草丛生、虫害严重、植株长势差等，均适宜病害的发生。

(3) 防治措施。

① 种子处理。选用有包衣的豇豆种子；对没有包衣的豇豆种子用 55 ℃温水浸种 15 分钟捞出后移入冷水中冷却，或用 2.5%咯菌腈悬浮种衣剂进行种子包衣处理，或用种子重 0.3% 的 50%福美双拌种。

② 农业防治。选择排灌条件较好的地块，与非豆科作物实行 2～3 年轮作，最好与白菜、菠菜、葱蒜类作物轮作。及时摘除病叶、病荚，清除病株残体，彻底销毁；加强栽培管理，采用高畦定植，地膜覆盖，避免田间湿度过大，减少田间结露的条件。适时播种，合理密植。科学肥水管理，及时防治病、虫、草害，增加植株抗性。

③ 药剂防治。发现零星病斑时及时喷药，优先选用 32.5%苯甲·嘧菌酯（12.5%苯醚甲环唑＋20%嘧菌酯）水分散粒剂 30～50 毫升/亩，或 40%乙嘧酚·醚菌酯（20%乙嘧酚＋20%醚菌酯）悬浮剂 20～40 毫升/亩，或 72%霜脲·锰锌（8%霜脲氰＋64%代森锰锌）可湿性粉剂 133～167 克/亩，每隔 7～10 天喷施 1 次，交替轮换用药，连续防治 2～3 次。

2. 豇豆疫病（霉菌性疫病）

(1) 症状识别。茎蔓、叶片、叶柄、花梗和豆荚均可受害。茎蔓染病：一般发生在近地面的节部和节部附近，开始出现水渍状暗绿色不规则病斑，后来病斑扩展环绕茎部 1 周，病部缢缩呈灰褐色、褐色或红褐色，从病处倒折，发病部位以上叶片萎蔫，最后病秧枯死。叶片染病：起初产生水渍状暗绿色病斑，边缘不明显，后扩展成圆形或近圆形浅褐色斑，湿度大时表面生有稀疏的白霉，严重时引起叶片腐烂，晴天干燥后病处呈青白色，易破碎。叶柄、花梗染病：与茎蔓受害相同，叶柄上着生的叶片转为黄绿色萎垂而死亡。豆荚染病：初期出现水渍状浅绿色斑点，后扩展成不规则的暗色病斑，潮湿时病部组织呈软腐状，病部表面也长有稀疏的白霉。天气干燥时病处失水变细，且呈不规则弯曲。该病最终可导致豇豆萎蔫、枯死或腐烂。

(2) 发病条件。病原菌为豇豆疫霉，属真菌性病害。病菌主要以卵孢子在病残体上或随病残体遗落在土壤中越冬，病菌从气孔或直接穿透表皮侵入。主要靠风雨和流水传播，病土、移栽的带病土菜苗、被污染的农具及人畜活动等也可传播病菌。病菌生长发育温度13～35℃，最适温度25～28℃。相对湿度95%以上有利于病菌生长发育和侵染。夏季雨多，特别是雨后乍晴，病害发展快。病地重茬，地势低洼，排水不良，浇水过多过勤，田间积水，种植过密，施用未腐熟带病残体的有机肥，播种带菌种子，病秧、病残体未经高温处理施入菜田，则发病重。秋季多雨、多雾、重露或寒流来早时易发病。大棚栽培未及时放风排湿，湿度过大时易发病。

(3) 防治措施。

① 种子处理。选用抗病品种，播种前对种子进行消毒，可用25%甲霜灵可湿性粉剂800倍液浸种30分钟后催芽。

② 农业防治。应注意实行与非豆科植物轮作2～3年，以减少病原菌；合理密植，确保通风透光，及时排水，降低地面湿度，种植采取深沟高畦，覆盖地膜。及时清洁田园，采收结束后将病残株残体深埋或烧毁。

③ 药剂防治。采用灌根与喷雾相结合的方法在雨季到来之前施药预防，可用70%硫黄·锰锌（42%硫黄+28%代森锰锌）可湿性粉剂214～286克/亩，或58%甲霜·锰锌（10%甲霜灵+48%代森锰锌）可湿性粉剂150～188克/亩，或40%三乙膦酸铝可湿性粉剂300～470克/亩，或幼苗期使用72.2%普力克水剂1 000倍液灌根、800倍液喷雾。药剂轮换使用，每隔7～10天叶面喷雾1次，每隔15天灌根1次，连续防治3次。

3. 豇豆根腐病

(1) 症状识别。病菌主要侵染根部和茎基部，一般出苗后7天开始发病，生长3～4周进入发病高峰。早期症状不明显，直到开花结荚期植株较矮小，先是植株下部叶片从叶缘开始变黄枯萎，一般不脱落，病部产生褐色或黑色斑点，多由侧根蔓延至主根，使整个根系腐烂或坏死，病株容易拔出。纵剖病根，维管束呈红褐色，病情扩展后向茎部延伸，主根全部发病后，地上部茎叶萎蔫或枯死。在潮湿条件下，病株茎基部长有粉红色霉状物，即病菌的分生孢子。

(2) 发病条件。病原菌为菜豆腐皮镰孢。病菌可在病残体、厩肥和土壤中多年存活，无寄主时也可存活 10 年以上。该病种子不携带病菌，侵染源主要为土壤、病残和带菌的有机肥。病菌接触长势弱的植株根部进行侵染，从寄主的地下伤口入侵，导致根部皮层腐烂。分生孢子通过农事作业、雨水和灌溉水等传播蔓延，生长季节只要条件适合，可连续多次进行侵染。施用未腐熟的有机肥，追肥时撒施不均匀使植株根部受伤害，地势低洼，平畦种植，灌水频繁，肥力不足，管理粗放的连作地发病重。该病的发生与温湿度关系密切，温度为 24～28 ℃、相对湿度 80%时有利于该病发生流行。

(3) 防治措施。

① 种子处理。选用抗（耐）病品种。播种前，可采用种子重量 0.5%的 25%噻虫·咯·霜灵（22.2%噻虫胺＋1.1%咯菌腈＋1.7%精甲霜灵）悬浮种衣剂，或种子重量 0.2%的 25 克/升咯菌腈种子处理悬浮剂进行拌种；或使用 20.5%多·福·甲维盐（10%多菌灵＋10%福美双＋0.5%甲氨基阿维菌素苯甲酸盐）悬浮种衣剂进行拌种，最佳使用剂量的药种比为 1∶(60～80)，即每千克种衣剂包衣豇豆种子 60～80 千克，搅拌至种衣剂均匀包裹种子，阴干后用于播种。播种时用 70%甲基硫菌灵或 50%多菌灵可湿性粉剂 1 份兑细干土 50 份，充分混匀后沟施或穴施，每亩用药 1.5 千克。

② 农业防治。注意及时清除病残体，与十字花科、百合科实行 2～3 年轮作，减少土壤中的病原残体。注意通风透气排水，采取高畦深沟栽培，降低田间湿度，提高地温，促进根系发育，增强抗病能力。施用酵素菌沤制的堆肥或腐熟有机肥。

② 药剂防治。该病为土传病害，一定要提前灌药预防，发病后用药效果差。在发病前或发病初期，可使用50%硫黄·多菌灵（35%硫黄+15%多菌灵）可湿性粉剂80～120克/亩，或50%甲基硫菌灵可湿性粉剂60～80克/亩，或70%敌克松可溶性粉剂0.25～0.5千克/亩兑水喷淋或浇灌，每亩用60～65升或每株浇灌兑好的药液400毫升，隔10天左右施用1次，连续防治2～3次；或使用根腐灵30～70克拌种10千克种子，每亩1～2千克拌土撒播，并稀释600～800倍液喷雾2～3次；或使用160克2.5%敌克松可湿性粉剂兑20倍细土，混配成药土均匀撒播来对豇豆幼苗期的根腐病进行防治。

4. 豇豆锈病

（1）症状识别。锈病在豇豆生长中后期发生，主要侵害叶片，严重时茎、蔓、叶柄及荚均可受害，病害流行时可使全田植株枯黄，中下部叶片大量脱落，对豇豆产量和品质都可造成很大损失，严重时可减产量50%左右。叶片和茎蔓染病：初现边缘不明显的褪绿小黄斑，直径0.5～2.5毫米，后中央稍突起，渐扩大现出深黄色夏孢子堆，表皮破裂后，散出红褐色粉末，即夏孢子。后在夏孢子堆或四周生紫黑色疱斑，即冬孢子堆。有时叶面或背面可见略凸起的白色疱斑，即病菌锈子腔。豆荚染病：形成突出表皮疱斑，表皮破裂后，散出褐色孢子粉，即冬孢子堆和冬孢子，发病重的无法食用。该病严重时叶片干枯早落，植株早衰（图13）。

（2）发病条件。病原为单胞锈菌，夏秋多雨季节常引起危害。生长期间，锈病菌主要以夏孢子重复侵染为害，夏孢子萌发产生芽管，从气孔侵入，形成夏孢子堆后，又散出夏孢子，通过气流传播进行侵染。在豇豆生长后期或环境条件不适宜时，在受害部位产生黑色冬孢子堆以及冬袍子。寄主表皮上的水滴，是锈病菌萌发和侵入的必要条件。病菌喜温暖高湿环境，发病最适宜温度为23～27℃，相对湿度95%以上。高温、多雨、潮湿的天气，尤其是早晚露重雾大有利于锈病的流行。种植地土质黏重，低洼和排水不良或种植过密、通风不良，过多施用氮肥，都利于

图 13　豇豆锈病症状

诱发锈病。

（3）防治措施。

① 防治该病需注意避免前期氮肥施用过多，还要合理密植，及时清除田间病残体。实行轮作，春秋茬豆地要隔离，采收后立即清洁田园，清除并销毁病残体，促使夏孢子死亡，减少菌源。

② 因地制宜引种早熟抗病品种，适当早播，使收获盛期避开雨季，可减轻发病。采取一切可行措施降低田间湿度，适当增施磷钾肥，提高植株抗性。

③ 发病初期喷药，可选用 70%硫黄·锰锌（42%硫黄＋28%代森锰锌）可湿性粉剂 214～286 克/亩，或 29%吡萘·嘧菌酯（11.2%吡唑萘菌胺＋17.8%嘧菌酯）悬浮剂 45～60 毫升/亩，或 40%腈菌唑可湿性粉剂 13～20 克/亩，或 10%苯醚甲环唑水分散粒剂 80～108 克/亩喷雾，交替轮换用药，每隔 7～10 天喷施 1 次，连续防治 2～3 次。

5. 豇豆白粉病

（1）症状识别。该病主要侵害叶片，也可侵害茎蔓以及豆荚。叶片感病初期在叶背面出现黄褐色斑点，后扩大呈紫褐色斑，其上覆盖一层稀薄的白粉，后期病斑沿叶脉发展，白粉布满全叶，严重的叶片背面也可表现症状，导致叶片枯黄，引起大量叶片枯黄凋落（图 14）。

图 14　豇豆白粉病症状

（2）发病条件。病原为蓼白粉菌，属子襄菌门真菌，该病菌寄主范围较广，可侵染多种豆科植物、甘蓝、芹菜、油菜、芥菜、番茄等。侵染来源主要是田间其他寄主作物或杂草染病后长出的分生孢子传播。白粉菌较耐旱，一般真菌引起的植物病害多雨都容易诱发病害严重，但多雨反而不利于白粉病的发展；而潮湿的天气和郁闭的生态条件，仍然利于白粉病的发生。植株干旱时，尤其土壤缺水时，会降低植株对白粉病的抗性。种植密度过大，田间通风透光不好，施用过多氮肥，管理粗放等都非常有利于白粉病发生。白粉病发病适温为 20～30 ℃，相对湿度 40%～95%，一般在植株生长中后期，尤其开花结荚中后期发病严重，此时植株生长势减弱，如得不到及时治疗，发病较快。

（3）防治措施。

① 种子处理。因地制宜选用抗病、耐病品种。

② 农业防治。多使用腐熟有机肥、磷钾肥和免深耕土壤调理剂，增加土壤的通透性，提高豇豆抗病能力，减少白粉病的发生。合理密植，保持田间通风透光。注意田园清洁，每茬豇豆种植收获完后，及时清除病株残体，集中烧毁或深埋。同时栽培过程中应注重害虫防治，减少植株伤口发生，减少病原菌传播的可能。

③ 生态防治。温室大棚重茬栽培豇豆，应于播种前 10 天左右，造墒后覆膜盖棚，保持密闭环境，使棚内温度升高至 45 ℃以上进行消毒。温度越高，持续时间越长，效果越佳。冬季消毒可密闭大棚，大棚每亩用 2～3 千克硫黄粉掺锯末 75～90 千克点燃熏蒸，每亩还可用 45%百菌清烟剂 1 千克熏蒸。

④ 药剂防治。于抽蔓或开花结荚初期喷药预防，最迟于初发病时喷药控制，重点是保果。选用 0.4%蛇床子素可溶液剂 600～800 倍液，或 70%硫黄·锰锌（42%硫黄＋28%代森锰锌）可湿性粉剂 214～286 克/亩，或 29%吡萘·嘧菌酯（11.2%吡唑萘菌胺＋17.8%嘧菌酯）悬浮剂 45～60 毫升/亩，或 58%锰锌·百菌清（50%代森锰锌＋8%百菌清）可湿性粉剂 113～153 克/亩等喷施，交替轮换用药，每隔 7～15 天喷药 1 次，连续防治 2～3 次。

6. 豇豆轮纹病

（1）症状识别。该病主要危害叶片、茎及豆荚。叶片染病：初生红褐色小斑点，微突起，扩大后为圆形或近圆形红褐色病斑，边缘明显。斑面上有明显的同心轮纹。在叶脉上发生褐色或深褐色局部坏死斑。茎上被害发生不规则的深褐色条斑，后绕茎扩展，致茎枯死。豆荚病斑褐色，扩大后呈褐色轮纹斑。天气潮湿时，叶背面病斑上常产生灰色霉状物（分生孢子及分生孢子梗），严重时大量落叶。茎蔓染病：茎上出现不规则褐色条斑，并向四周扩展，最后引起上部茎叶凋萎枯死。豆荚染病：豆荚上生赤紫色斑点，扩大后呈褐色轮纹斑，病斑数量多时，荚呈赤褐色（图 15）。

图 15 豇豆轮纹病症状

（2）发病条件。病原为豇豆尾孢菌。病菌以菌丝体和分生孢子梗随病残体留在土中越冬，也可以菌丝体在种子内或以分生孢子黏附在种子表面越冬或越夏。海南全年都可种植豇豆，病菌的分生孢子无明显的越冬或越夏，可辗转传播危害。分生孢子由风雨传播，进行初侵染和再侵染，病害不断蔓延。该病多在开花结荚后发生，植株生长衰弱、缺肥、天气高温多湿、栽培过密、通风条件差和连作低洼地易诱发该病。

（3）防治措施。

① 种子消毒。可用 55 ℃温水浸种 15 分钟，捞出后用冷水冷却。也可用 50%多菌灵可湿性粉剂拌种。

② 农业防治。在生产季结束后彻底清除病残体，与非豆科作物实行 2～3 年轮作。育苗移栽时，育苗的营养土要用无菌土。播种后用药土覆盖，移栽前喷施一次除虫灭菌剂。施用充分腐熟

的有机肥。发病初期及时摘除病叶，收获后将病残株集中烧毁。

③ 药剂防治。发病初期，可选用70%硫黄·锰锌（42%硫黄+28%代森锰锌）150～200克/亩可湿性粉剂，或70%甲基硫菌灵可湿性粉剂36～54克/亩，或80%多菌灵可湿性粉剂62.5～80克/亩，或50%咪鲜胺锰盐可湿性粉剂60～80克/亩，每隔7～10天喷洒1次，交替轮换用药，连续防治2～3次，注意用药安全间隔期。

7. 豇豆枯萎病

（1）症状识别。该病主要危害根系，通过维管束造成系统侵染，使豇豆整株枯萎，湿度大时病部表面可产生粉红色霉层。一般花期开始发病，结荚期可造成植株大量枯死。发病植株下部叶片先变黄，病叶叶脉变褐，叶肉发黄，继而全叶干枯或脱落。植株感染初期可见地上部分一侧叶片萎蔫，早晚间可恢复，数天后整株枯死，茎基部变黑褐色，根部腐烂。病株根变色，侧根少。植株结荚显著减少，豆荚背部及腹缝合线变黄褐色，全株渐枯死。剖视病株茎部和根部，内部维管束变红褐色至黑褐色，严重时外部变黑褐色、根部腐烂。枯萎病与根腐病的区别在于，豇豆根腐病根表皮先变红褐色，继而根系腐烂，木质部外露，病部腐烂处的维管束变褐，但地上茎部维管束一般不变褐。

（2）发病条件。病原菌为尖镰孢菌。病原菌借助灌溉水、农具、施肥等传播，从伤口或根冠侵入，在维管束组织中产生菌丝，菌丝分泌出毒素或堵塞导管，导致细胞死亡或植株萎蔫，后形成厚垣孢子在土壤中越冬。病菌生长发育适宜温度为27～30℃，相对湿度70%以上。如遇多雨，病害易流行。低洼潮湿地或大水漫灌往往发病严重。

（3）防治措施。

① 种子处理。该病的防治首先要注意进行种子消毒。可用种子重量0.5%的50%多菌灵可湿性粉剂拌种或40%甲醛300倍液浸种4小时后清水洗净再播种。

② 农业防治。选用抗（耐）病品种，合理轮作换茬，与非

豆科作物实行 2～3 年轮作，水旱轮作效果最佳。采取高畦、深沟种植。施用腐熟有机肥，增施磷钾肥。雨后及时排水，降低田间湿度。

③ 药剂防治。在豇豆生长初期可使用 0.1 亿 cfu/克多粘类芽孢杆菌细粒剂 1 050～1 400 克/亩 进行灌根，对根系进行保护。发病初期，可选用 70%甲基硫菌灵可湿性粉剂 500～1 000 倍液，或 80%多菌灵可湿性粉剂 800 倍液，或 10%苯醚甲环唑水分散粒剂 300～600 倍液，或 15%噁霉灵水剂 450 倍液，或 50%异菌脲可湿性粉剂 1 500 倍液灌根，每株灌根 150～200 毫升，每隔 10～15 天 1 次，连续防治 2～3 次。

8. 豇豆炭疽病

(1) 症状识别。苗期至结荚收获期均可染病，地上部分均能受害，主要危害茎、叶、豆荚和种子。幼苗染病：子叶上出现红褐色近圆形病斑，凹陷成溃疡状。幼茎上生锈色小斑点，后扩大成短条锈斑，常使幼苗折倒枯死。成株期叶片染病：叶片上病斑多沿叶脉发生，出现圆形至不规则形病斑，边缘褐色，中部淡褐色，扩大至全叶后，叶片萎蔫。茎染病：病斑红褐色，稍凹陷，呈圆形或椭圆形，外缘有黑色轮纹，可着生大量黑点龟裂；潮湿时病斑上产生浅红色黏状物。豆荚染病：生褐色小点，可扩大至直径 1 厘米的大圆形病斑，中心黑褐色，边缘淡褐色至粉红色，稍凹陷，易腐烂。种子染病：其上有大小不一的黄褐色至褐色斑点，稍凹陷。

(2) 发病规律。病原菌为菜豆刺盘孢。病菌侵入豆荚后，在贮运过程中仍可继续发病。病菌主要以菌丝体随病残体或在种子内越冬。带菌种子的调运是该病远距离传播的主要途径。本地播种带菌种子，幼苗染病后，形成田间的发病中心，完成初侵染。病菌从寄主的表皮和伤口侵入后，产生的分生孢子，借助气流、灌溉水、雨水的飞溅进行田间的再侵染。发病的适宜条件为 20 ℃左右的温度和 95%以上的相对湿度。当温度高于 27 ℃，相对湿度低于 90%时，病害很少发生。一般连年重茬、地势低洼、土质黏重、种植过密的地块易发病。年际间，夏、秋季多雨的年份易发病。

（3）防治措施。

① 种子处理。播种前，通过粒选淘汰病种，并用0.4%种子重量的50%福美双可湿性粉剂，或用0.3%种子重量的50%多菌灵可湿性粉剂拌种进行种子消毒。

② 农业防治。选用抗病品种，注意与非豆科作物轮作2～3年。及时清除田边杂草，深开沟，增高培土，注意排水，防止病菌随雨水渗入田中侵染新种植的豇豆。深翻土地，增施磷、钾肥，及时拔除病苗。露地种植豇豆时，最好进行地膜覆盖栽培，以防止或减轻土壤病菌传播。

③ 药剂防治。发病初期，选用325克/升苯甲·嘧菌酯（125克/升苯醚甲环唑+200克/升嘧菌酯）悬浮剂40～60毫升/亩，或70%福·甲·硫黄（20%福美双+14%甲基硫菌灵+36%硫黄）可湿性粉剂80～120克/亩，或50%咪鲜胺可湿性粉剂60～80克/亩，或60%唑醚·代森联（5%吡唑醚菌酯+55%代森联）水分散粒剂60～100克/亩，或70%代森锰锌可湿性粉剂600倍液等进行叶面喷施。苗期喷药2次，结荚期1～2次，连续交替轮换用药，每次相隔5～7天。

9. 豇豆煤霉病

（1）症状识别。该病在豇豆收获前发病最重，主要危害叶片，引起落叶，也可侵染茎蔓和豆荚。病斑初起为不明显的近圆形黄绿色斑，继而黄绿斑中出现由少到多、叶两面生的紫褐色或紫红色小点，后扩大为近圆形或受较大叶脉限制而呈多角形的紫褐色病斑，病斑边缘不明显。湿度大时病斑表面生暗灰色或灰黑色煤烟状霉，尤以叶背密集。病害严重时，病叶曲屈、干枯早落，仅存梢部幼嫩叶片。

（2）发病条件。病原菌为真菌半知菌亚门的菜豆假尾孢菌，病菌以菌丝体和分生孢子随病残体在土壤中越冬。环境条件适宜时，在菌丝体产生分生孢子，通过气流传播进行初侵染，然后在受害部位产生新生代分生孢子，进行多次再侵染。病菌喜高温高湿的环境，适宜发育温度范围 7～35 ℃，田间发病最适温度25～32 ℃，相对湿度 90%～100%，田间高温高湿或多雨是发病的主要条件，连作地发病较严重。

（3）防治措施。

① 种子处理。选用抗病品种，播种前用新高脂膜浸种，驱避地下病虫，隔离病毒感染，不影响萌发吸胀功能，加强呼吸强度，提高种子发芽率。

② 农业防治。加强苗期管理，及时间苗，出苗后及时喷施新高脂膜防止病菌侵染，提高抗自然灾害能力，提高光合作用强度，保护禾苗茁壮成长。

③ 药剂防治。在豇豆生长期中，用 80%代森锰锌 500 倍液进行保护性预防。发病初期，可用 30%嘧菌・腐霉利（6.3%嘧菌酯＋23.7%腐霉利）悬浮剂 100～110 毫升/亩，或 25%宁南・嘧菌酯（5%宁南霉素＋20%嘧菌酯）悬浮剂 30～40 毫升/亩，或 50%腐霉利可湿性粉剂 1 000～2 000 倍液，或 70%甲基硫菌灵 800～1 000 倍液喷雾。每隔 7～10 天喷施 1 次，交替轮换用药，连续喷施 2～3 次。如豇豆长势较弱，可再喷施叶面肥。

10. 豇豆灰霉病

（1）症状识别。豇豆叶、茎、花、荚果均可染病。一般根茎部向上先显症，初现深褐色，中部淡棕色或浅黄色，干燥时病斑表皮破裂形成纤维状，湿度大时上生灰色霉层。有时病菌从茎蔓分枝处侵入，致病部形成凹陷水渍斑，后萎蔫。苗期子叶染病呈水渍状变软下垂，后叶缘长出白灰色霉层，即病菌分生孢子梗和分生孢子。叶片染病，形成较大的轮纹斑，后期易破裂。荚果染病先侵染败落的花，后扩展到荚果，病斑初淡褐至褐色后软腐，表面生灰霉。

（2）发病条件。病原菌为灰葡萄孢，属半知菌亚门真菌。以菌丝、菌核或分生孢子越夏或越冬。越冬的病菌以菌丝在病残体中生存，不断产出分生孢子进行再侵染。条件不适病部产生菌核，在田间存活期较长，遇到适合条件，即长出菌丝直接侵入或产生孢子，借雨水溅射或随病残体、水流、气流、农具及衣物传播。腐烂的病荚、病叶、病卷须、败落的病花落在健部即可发病。菌丝生长最适温度 13～21 ℃，高于 21 ℃其生长量随温度升高而减少，28 ℃时锐减。生产上在有病菌存活的条件下，只要具备高湿和 20 ℃左右的温度条件，病害易流行。病菌危害时期长，菌量大，防治比较困难。

（3）防治措施。

由于此病侵染快且潜育期长，又易产生抗药性，主要推行生态防治、农业防治与药剂防治相结合的综合防治措施。

① 生态防治。主要是棚室围绕降低湿度，采取提高棚室夜间温度，增加白天通风时间，从而降低棚内湿度和结露持续时间，达到控病的目的。

② 农业防治。选用抗病品种，与葱蒜类蔬菜、禾本科等作物实行 2～3 年以上的轮作。高垄栽培，合理密植，移栽时要施足底肥。在开花期可用叶面肥喷施，以达到既能促进植株健壮生产，又能控制徒长的目的。雨后及时排水，降低土壤含水量和田间湿度。豇豆播种前、生长期、收获结束后要随时清理田园，将病部及时摘除，带出田外深埋，减少病害传播和蔓延。

③ 药剂防治。发现零星病株时即喷药防治。可选用 25%腐霉·福美双（5%腐霉利＋20%福美双）可湿性粉剂 60～80 克/亩，或 30%嘧菌·腐霉利（6.3%嘧菌酯＋23.7%腐霉利）悬浮剂 100～110 毫升/亩，或 30%甲硫·福美双（10%甲基硫菌灵＋20%福美双）悬浮剂 150～187.5 克/亩，或 50%硫黄·多菌灵（20%硫黄＋30%多菌灵）可湿性粉剂 135～166 克/亩等喷雾防治。每隔 7～10 天喷施 1 次，交替轮换用药，连续防治 2～3 次。大棚种植豇豆也可使用烟剂防治，阴天时可使用 10%速克灵烟剂 200～250 克/亩，或 45%百菌清烟剂 250 克/亩，于傍晚闭棚时熏烟。

11. 豇豆灰斑病

（1）症状识别。豇豆灰斑病发生在生长后期，主要危害叶片，有时也危害茎、荚。初发病时在叶上形成大小不等的褪绿斑，后变成黄色至黄褐色，有些斑块扩展后可形成褐色至紫褐色轮纹斑，有的可融合成大斑，直径1～19毫米，有的与豇豆红斑病混合为害，致叶片早落，别于豇豆轮纹病（图16）。

图16　豇豆灰斑病症状

（2）发病条件。病原菌为棒孢子，属半知菌亚门真菌，以分生孢子丛或菌丝体在土中的病残体上越冬，菌丝或孢子在病残体上可存活半年。此外，病菌还可产生厚垣孢子及菌核，渡过不良环境。翌年产出分生孢子借气流或雨水飞溅传播，进行初侵染；病部新生的孢子进行再侵染。在生长季节，再侵染多次发生，使病害逐渐蔓延。病菌侵入后经几天潜育即发病，高湿或通风透气不良易发病，25～27℃及饱和湿度条件下发病重。温差大有利于发病。

（3）防治措施。

①农业防治。选用抗病耐病品种，彻底清除病残体，减少初侵染源；与非豆类作物实行2～3年轮作；搞好温湿度管理，注意排湿，加强通风透气。

② 药剂防治。发病初期，可用 50%多菌灵可湿性粉剂 500 倍液，或 75%百菌清可湿性粉剂 700 倍液，或 50%苯菌灵可湿性粉剂 1 500 倍液，或 70%乙铝·锰锌（30%三乙膦酸铝+40%代森锰锌）可湿性粉剂 400 倍液，或 58%甲霜灵·锰锌（10%甲霜灵+48%代森锰锌）可湿性粉剂 500 倍液等喷施。每隔 7 天喷药 1 次，交替轮换用药，连续防治 2～3 次。

12. 豇豆病毒病

（1）症状识别。该病多表现系统性症状，病株出苗后即显症，因引起该病的病原种类很多，田间多发生混合侵染而产生不同症状。植株受害后，叶片出现明脉、产生褪绿带、斑驳或绿色部分凹凸不平，叶片皱缩、扭曲、畸形，植株生长受抑制，株形矮小，开花迟缓或落花，开花结荚明显减少，豆荚短小，有时出现绿色斑点，严重影响豇豆产量和质量（图 17）。

图 17　豇豆病毒病症状

（2）发病条件。豇豆上的病毒病病原有多种，常见黄瓜花叶病毒、豇豆芽传花叶病毒和蚕豆萎蔫病毒，可单独侵染为害，也可多种复合侵染。病毒主要吸附在豆类作物种子上越冬，也可在越冬豆科作物上或随病株残余组织遗留在田间越冬，成为次年初侵染源。播种带毒种子，出苗后即可发病。生长期主要通过白粉虱、蚜虫、植株间汁液接触及农事操作传播至寄主植物上，从寄主伤口侵入，进行多次再侵染。发病最适宜温度为 20～35 ℃，相对湿度 80%以下。发病潜育期 10～15 天，遇持续高温干旱天气或蚜虫发生重时，栽培管理粗放、农事操作不注意防止传毒、多年连作、地势低洼、缺肥缺水、氮肥施用过多的地块病毒病多发生与流行。

（3）防治措施。

① 种子处理。选用抗病品种，播种前先用清水浸泡种子 3～4 小时，再放入 10%磷酸三钠加新高脂膜 800 倍液溶液中浸种 20～30 分钟。下种后及时喷施新高脂膜 800 倍液保温保墒，防止土壤板结，提高出苗率。

② 农业防治。前茬枯枝败叶进行焚烧或深埋后加强肥水管理，促进植株生长健壮，提高植株抵抗力。生产上注意及时防治传毒昆虫如蚜虫、粉虱、蓟马等虫害。有条件的可采用防虫网覆盖，或用银灰色遮阳网育苗避蚜，悬挂黄、蓝色粘虫板诱杀蚜虫、蓟马和粉虱。

③ 药剂防治。病毒病重在预防，治疗为辅，防虫与防病相结合。发病初期，选用 8%宁南霉素水剂 75～100 毫升/亩，或 5%氨基寡糖素水剂 75～100 毫升/亩，或 30%毒氟·吗啉胍（15%毒氟磷+15%盐酸吗啉胍）可湿性粉剂 50～90 克/亩。豇豆病毒病一般由蚜虫、蓟马和粉虱等害虫作为传病媒虫，根据虫情再加用 0.6%乙基多杀菌素悬浮剂 50～58 毫升/亩，或 20%吡虫啉可溶液剂 15～20 毫升/亩，或 20%啶虫脒可湿性粉剂 4.5～6 克/亩喷施，做到病虫兼治。同时，可配合喷施新高脂膜 800 倍液增强药效，提高药剂有效成分利用率，巩固防治效果。每隔 7～10 天喷药 1 次，交替轮换用药，连续防治 2～3 次，注意用药安全间隔期。

（二）豇豆主要虫害

1. 蓟马　蓟马是豇豆的主要害虫，其中主要以豆大蓟马

(*Megalurothrips usitatus*) 发生危害为主。豆大蓟马又名豇豆蓟马、普通大蓟马、豆花蓟马，属缨翅目（Thysanoptera）蓟马科(Thtipidae)。

(1) 形态识别。该虫个体较小，主要以雌成虫形态来鉴定识别。雌成虫体长约 1.6 毫米，虫体棕色至褐色，褐色触角念珠状略向前延伸。口器锉吸式，跗节、前足胫节大部分以及中、后足端部为黄色；前翅近基部 1/4 处及近端部无色，中部和端部褐色。头略宽于长，两颊近平行。雄成虫个体比雌成虫显著小，且颜色呈淡黄色。

(2) 发生与危害。豆大蓟马在豇豆整个生育期均可发生危害。在豇豆幼苗期，主要危害豇豆心叶和未展开的嫩叶；至开花期，蓟马种群数量迅速增长。危害主要以成虫和若虫锉吸豇豆生长点、花期、荚果等幼嫩组织的汁液。生长点叶片受害后可造成叶片皱缩、变小、弯曲或畸形，严重时生长点萎缩、死心，导致植株生长缓慢，甚至生长点停止生长；花器和豆荚受害后，可导致荚面出现粗糙的伤痕，甚至畸形，导致落花落荚等，影响豆角产量和品质，严重时可造成豇豆减产 20%～80%，甚至完全失收。此外，豆大蓟马还是重要病毒病传毒媒介（图 18—图 20)。

图 18　蓟马危害豇豆叶子危害状

图 19　蓟马危害豇豆花朵危害状

(3) 防治措施。

① 农业防治及物理防治。农业防治手段主要通过田间清除杂草，深耕晒土，减少蓟马在田间的栖息寄主以及土壤中蛹的存

图 20　蓟马危害豇豆荚果危害状

活率。物理防治手段主要为使用防虫网、诱虫板、蓟马诱芯等趋避或诱杀蓟马。诱虫板用作监测时每亩悬挂 3～5 张蓝色诱虫板；在开花期每亩悬挂 30～40 张蓝色诱虫板，用作防治时每张诱虫板可选择搭配 1 支蓟马诱芯效果更佳。诱虫板悬挂高度为 1.5 米，东西朝向。

② 生物防治。可通过保护利用和释放天敌进行豇豆蓟马的生物防治。蓟马天敌有捕食性蝽类、草蛉、捕食螨等。采取释放天敌进行生物防治，应在天敌释放后 2 周内禁止打药或者施用对天敌不敏感的药剂。

③ 药剂防治。蓟马防治应重点做好预防工作。豇豆移栽完成后，可施药消灭蓟马卵和若虫，减少虫源数量；豇豆移栽后至开花前，每隔 10～15 天施药；开花期蓟马种群数量较多的时候，每隔 3～5 天左右施药。可选用 60 克/升乙基多杀菌素悬浮剂 50～58 毫升/亩，或 10%多杀霉素悬浮剂 12.5～15 毫升/亩，或

100亿孢子/克金龟子绿僵菌油悬浮剂25～35克/亩，或45%吡虫啉·虫螨腈（30%吡虫啉+15%虫螨腈）悬浮剂15～20毫升/亩，或30%虫螨·噻虫嗪（10%虫螨腈+20%噻虫嗪）悬浮剂30～40毫升/亩，或25%噻虫嗪水分散粒剂15～20克/亩，或2%甲氨基阿维菌素苯甲酸盐微乳剂9～12毫升/亩，或10%啶虫脒乳油15～20毫升/亩，或10%溴氰虫酰胺可分散油悬浮剂33.3～40毫升/亩等喷雾，为避免豇豆蓟马出现抗药性，以上药剂交替轮换使用。由于蓟马一般藏匿在花中，需在早上10时之前或者下午4时之后蓟马外出活动高峰期施药。

2. 美洲斑潜蝇 美洲斑潜蝇（*Liriomyza sativae* Blanchard），也称地图虫、鬼画符、潜叶蝇等，属双翅目（Arthropoda）潜蝇科（Agromyzidae），是一种危险性检疫害虫，属世界上最为严重和危险的多食性斑潜蝇之一，其适应性强，繁殖快，寄主广泛，对豇豆等多种蔬菜作物造成较大危害，一般可使豇豆减产达25%左右，严重的可减产80%，甚至绝收。

（1）形态识别。成虫体形较小，头部黄色，眼后眶黑色；中胸背板黑色光亮，中胸侧板大部分黄色；足黄色；卵白色，半透明；幼虫蛆状，初孵时半透明，后为鲜橙黄色；蛹椭圆形，橙黄色，长1.3～2.3毫米（图21）。

卵：米色，半透明，大小（0.2～0.3）毫米×（0.1～0.15）毫米。

幼虫：蛆状，初无色，后变为浅橙黄色至橙黄色，长3毫米。

蛹：椭圆形，橙黄色，腹面稍扁平，长0.2～0.3毫米，宽0.1～0.15毫米。

成虫：小，体长1.3～2.3毫米，浅灰黑色，胸背板亮黑色，体腹面黄色，雌虫体比雄虫大。

（2）发生与危害。美洲斑潜蝇主要以幼虫和成虫危害叶片，在叶片正面取食和产卵。幼虫取食时刺伤叶片细胞，形成针尖大小的近圆形刺伤“孔”造成危害。“孔”初期呈浅绿色，后变白

图 21　美洲斑潜蝇危害豇豆叶子危害状

成地图状，使叶片早衰干枯，大幅降低受害植株产量。其在叶片取食后，形成先细后宽的蛇形弯曲或蛇形盘绕虫道，其内有交替排列整齐的黑色虫粪，老虫道后期呈棕色的干斑块区，一般 1 虫 1 道，1 头老熟幼虫 1 天可潜食 3 厘米左右。美洲斑潜蝇危害可导致幼苗全株死亡，造成缺苗断垄；成株受害，可加速叶片脱落，引起果实日灼，造成减产。另外，幼虫和成虫通过取食还可传播病害，特别是传播某些病毒病。该虫害于豇豆苗期至成熟期均可发生。

（3）防治措施。

① 农业防治。当发生轻、虫口较低时可捏杀幼虫；在害虫发生高峰时，摘除带虫叶片销毁。及时清洁田园，把被斑潜蝇危害的植株残体集中深埋、沤肥或烧毁。将有蛹表层土壤深翻到 20 厘米以下，以降低蛹的羽化率。适当疏植，提高通风透光率，压低虫口密率。豇豆与瓜类、茄果类等美洲斑潜蝇不危害的蔬菜

进行轮作和套种。集中施药灌水、浸泡土层，有条件可以定期灌溉减少土壤中蛹羽化率，达到减少虫口目的。

② 物理防治。美洲斑潜蝇具有趋黄性，可利用黄板诱杀；采用灭蝇纸诱杀成虫，在成虫始盛期至盛末期，每亩设置15个诱杀点，每个点放置1张诱蝇纸诱杀成虫，3～4天更换一次。

③ 生物防治。可利用黄色潜蝇茧蜂、姬小蜂等寄生蜂进行生物防治，在不用药的情况下，寄生蜂天敌寄生率可达50%以上。

④ 药剂防治。应注意把握用药的最佳时机。在成虫活动高峰和幼虫1～2龄期（蛀道不超过2厘米时）施药，全株内外、叶片正反面都要均匀施药。早上8—11时是活动高峰期，建议在该时段施药。幼苗期或虫害较少时，可每亩选用8 000 IU/毫克苏云金杆菌悬浮剂400～600毫升提前防治；幼虫高峰期，可选用60克/升乙基多杀菌素悬浮剂50～58毫升/亩，或10%溴氰虫酰胺可分散油悬浮剂14～18毫升/亩，或31%阿维·灭蝇胺（0.7%阿维菌素+30.3%灭蝇胺）悬浮剂16～22毫升/亩，或80%灭蝇胺可湿性粉剂15～22克/亩，或5%甲氨基阿维菌素苯甲酸盐微乳剂10.8～16.2毫升/亩，或22%甲维·杀虫单（0.2%甲氨基阿维菌素苯甲酸盐+21.8%杀虫单）微乳剂30～60克/亩，或23%杀双·灭多威（18%杀虫双+5%灭多威）可溶液剂40～50克/亩等喷雾，每隔7～10天喷施1次，连续3次。应注意轮换用药，避免产生抗药性，注意用药安全间隔期。

3. 豇豆荚螟 豇豆荚螟（*Maruca testulalis* Geyer），又名豇豆螟、豇豆野螟、豇豆蛀野螟、豆野螟、豆螟蛾、大豆螟蛾等，属鳞翅目螟蛾科，是豇豆生产上的重要害虫，一般为害虫荚率可达15%～20%，严重可达70%左右，严重影响豇豆的产量和商品价值。

（1）形态识别。

卵：0.6毫米×0.4毫米，扁平，椭圆形，淡绿色，表面具六角形网状纹。

幼虫：末龄幼虫体长约18毫米，体黄绿色，头部及前胸背板褐色。中、后胸背板上有黑褐色毛片6个，前列4个，各具2根刚毛，后列2个无刚毛；腹部各节背面具同样毛片6个，但各自只生1根刚毛。

蛹：体长13毫米，黄褐色。头顶突出，复眼红褐色。羽化前在褐色翅芽上能见到成虫前翅的透明斑。

成虫：体长约13毫米，翅展24～26毫米，暗黄褐色。前翅中央有2个白色透明斑；后翅白色半透明，内侧有暗棕色波状纹。

（2）发生与危害。其幼虫在豆荚内蛀食豆粒，被害籽粒重则被蛀空，或导致豆荚腐烂，影响产量和品质；也可危害叶片和花蕾造成卷叶、落花和落荚。在海南，豇豆荚螟年生7代以上，以蛹在土中越冬，每年6—10月为幼虫主要危害期。成虫有趋光性，卵散产于嫩荚、花蕾和叶柄上，卵期2～3天。幼虫共5龄，危害豆叶花及豆荚，常卷叶危害或蛀入荚内取食幼嫩的种粒，荚内蛀孔外堆积粪粒。初孵幼虫蛀入嫩荚或花蕾取食，造成蕾、荚脱落；3龄后蛀入荚内食害豆粒，每荚1头幼虫，少数2～3头，被害荚在雨后常致腐烂。幼虫亦常吐丝缀叶危害。受害豆荚味苦，不能食用。严重受害区，蛀荚率达70%以上。幼虫期8～10天。老熟幼虫在叶背主脉两侧做茧化蛹，亦可吐丝下落土表或落叶中结茧化蛹。蛹期4～10天。豇豆荚螟对温度适应范围广，7～31℃都能发育，但最适温为28℃，相对湿度为80%～85%。

（3）防治措施。

① 农业防治。做好田间清洁。及时清除田间落花、落荚，并摘除被害的卷叶和豆荚，减少虫源。另外，根据豆荚螟喜欢干燥环境的特点，可在花期和结荚期在不影响其正常生长的情况下多浇水或灌水，增加土壤和田间湿度，创造不利于该虫发生的田间小气候。

② 物理防治。可使用防虫网覆盖防止豆荚螟危害；利用豆

荚螟趋光性，设置黑光灯等诱虫灯诱杀，尤其在花期和结荚期。

③ 生物防治。可使用白僵菌、苏云金杆菌、棉铃虫核型多角体病毒 SC、斜纹夜蛾核型多角体病毒 SC 等生物农药喷雾防治豆荚螟，防治时期以在二龄幼虫盛期喷施药剂效果最佳，每隔 7 天喷 1 次，连续喷几次。其中，应注意苏云金杆菌杀虫剂不能与内吸性有机磷农药或杀虫剂混合使用。

④ 药剂防治。化学药剂应在生物药剂防治后还超过防治指标时才使用。药剂防治须在幼虫孵化后蛀入花蕾及嫩荚前施用，让药液接触虫体杀死害虫。可使用药剂于盛花期黄昏喷施，选用 30%茚虫威水分散粒剂 6～9 克/亩，14%氯虫・高氟氰（9.3%氯虫苯甲酰胺+4.7%高效氯氟氰菊酯）微囊悬浮剂 10～20 毫升/亩，或 4.5%高效氯氟氰菊酯乳油 30～40 毫升/亩，或 3 200 IU/毫克的苏云金杆菌可湿性粉剂 75～100 克/亩，或 50 克/升的虱螨脲乳油 40～50 毫升/亩等喷雾。喷施重点为花蕾和嫩荚。若虫口密度大，每隔 5～7 天喷 1 次，连续防治 2～3 次，交替轮换用药，注意用药安全间隔期。

4. 豆蚜 豆蚜（*Aphis craccivora* Koch），又称苜宿蚜、花生蚜，属同翅目（Homoptera）蚜科（Aphididae），是豇豆种植普遍发生的害虫之一。

（1）形态识别。无翅胎生雌蚜：体长 1.8～2.4 毫米，体肥胖、黑色、浓紫色、少数墨绿色，具光泽，体披均匀蜡粉。尾片黑色，圆锥形，具微刺组成的瓦纹，两侧各具长毛 3 根。有翅胎生雌蚜：体长 1.5～1.8 毫米，体黑绿色或黑褐色，具光泽。其他特征与无翅孤雌蚜相似。若蚜分 4 龄，呈灰紫色至黑褐色。

（2）发生与危害。在适宜的环境条件下，每头雌蚜寿命可长达 10 天以上，平均胎生若蚜 100 多头。全年有 2 个发生高峰期，春季 5—6 月、秋季 10—11 月。适宜豆蚜生长、发育、繁殖。温度范围为 8～35 ℃；最适环境温度为 22～26 ℃，相对湿度 60%～70%（图 22）。

图 22　蚜虫危害豇豆叶子危害状

成、若蚜群集于豇豆嫩茎、幼芽、顶端嫩叶、心叶、花器及荚果处等处吸取汁液和繁殖危害，使叶片蜷缩变形，生长停滞，分泌的蜜露引起叶片发生煤污病，使叶片表面铺满一层黑色霉菌，影响光合作用，结荚减少，严重时影响生长，甚至植株不能正常开花、结荚，造成减产。此外，豆蚜还可传播多种植物病毒病，传毒所造成的危害远远大于蚜虫本身的危害。

（3）防治措施。

① 农业防治。使用抗虫品种，及时清除田间杂草，减少虫源。

② 物理防治。黄板诱杀：利用豆蚜对黄色有较强的趋性行为，可悬挂黄色诱虫板诱杀蚜虫，每亩悬挂 25～30 张诱虫板。覆盖防虫网：播种后在育苗畦上覆盖银灰色或白色纱网，可杜绝蚜虫接触豆苗；也可移栽后在防虫网大棚内种植，减轻蚜虫为害。采用银灰膜避蚜：在露地栽培畦的四周或大棚的放风口悬挂银灰塑料条可明显减少蚜虫发生。

③ 生物防治。保护和利用天敌，发挥自然控制作用。包括蚜小蜂、食蚜蝇、瓢虫、草蛉等。当平均每株蚜虫数量与平均每株各种天敌总和之比小于或等于 1.67，说明此时天敌可控制蚜

虫；若大于 1.67，则应通过人工扩繁或释放天敌防治蚜虫。也可使用生物农药蛇床子素和苦皮藤素提前预防。

④ 化学防治。洗衣粉灭蚜。洗衣粉主要成分为十二烷基苯磺酸钠，对蚜虫有较强的触杀作用，可使用 400～500 倍液喷施。或将洗衣粉、尿素、水按照 0.2∶0.1∶100 的比例混合喷施，可起到灭虫施肥一举两得的效果。

⑤ 药剂灭蚜。在田间蚜虫点片发生阶段要重视早期防治，用药间隔期 7～10 天，连续用药 2～3 次。可选用 0.6%乙基多杀菌素悬浮剂 10～20 毫升/亩，或 10%多杀霉素悬浮剂 12.5～15 毫升/亩，或 10%啶虫脒乳油 15～20 毫升/亩，或 10%溴氰虫酰胺可分散悬浮剂 33.3～40 毫升/亩，或 14%氯虫·高氟氰（9.3%氯虫苯甲酰胺+4.7%高效氯氟氰菊酯）微囊悬浮剂 10～20 毫升/亩，或 45%吡虫啉·虫螨腈（30%吡虫啉+15%虫螨腈）悬浮剂 15～20 毫升/亩等叶面喷雾，视虫情每隔 7～10 天防治 1 次，交替轮换用药。喷施时需注意对准叶背和嫩梢，将药液喷到虫体上，以确保防效。

5. 烟粉虱 烟粉虱（*Bemisia tabaci*）是一种世界性的害虫。属同翅目粉虱科。

（1）形态识别。烟粉虱属渐变态昆虫，其个体发育分卵、若虫、成虫 3 个阶段。若虫 3 龄，通常将第 3 龄若虫蜕皮后形成的蛹称伪蛹或拟蛹。

卵：光泽，呈长梨形，有小柄，与叶面垂直，卵柄通过产卵器插入叶表裂缝中，大多不规则散产于叶背面，也见于叶正面。卵初产时为淡黄绿色，孵化前颜色慢慢加深至深褐色。

若虫：烟粉虱若虫为淡绿色至黄色，1 龄若虫有足和触角，能活动；在 2、3 龄时，烟粉虱的足和触角退化至只有 1 节，固定在植株上取食；3 龄若虫蜕皮后形成伪蛹，蜕下的皮硬化成蛹壳。

伪蛹：蛹壳呈淡黄色，长 0.6～0.9 毫米，边缘薄或自然下垂，无周缘蜡丝，背面有 17 对粗壮的刚毛或无毛，有 2 根尾刚毛。在分类上，伪蛹的主要特征为瓶形孔长三角形，舌状突长匙状，顶部三角形，具有1对刚毛，尾沟基部有57个瘤状突起。

成虫：主要寄生于叶背面，体淡黄白色，翅2对，白色，被蜡粉无斑点，体长0.85～0.91毫米，比温室白粉虱小，前翅脉1条不分叉，静止时左右翅合拢呈屋脊状，脊背有一条明显的缝。

（2）发生与危害。烟粉虱可全年繁殖，多在叶背取食，卵散产于叶背面。若虫初孵时能活动，低龄若虫定居在叶背面，灰黄色，类似介壳虫。烟粉虱发育速率快，繁殖率高，具有极强的暴发性；因该虫在寄主植物叶片背面取食危害，故具有较强的隐蔽性。烟粉虱成虫停在植株上时，左右翅合拢呈屋脊状。

成虫喜欢群集于植株上部嫩叶背面吸食汁液，随着新叶长出，成虫不断向上部新叶转移。故出现由下向上扩散危害的垂直分布。最下部是蛹和刚羽化的成虫，中下部为若虫，中上部为即将孵化的黑色卵，上部嫩叶是成虫及其刚产下的卵。成虫喜群集，不善飞翔，对黄色有强烈的趋性。

烟粉虱以成虫、若虫刺吸植株叶片使其长势衰弱，叶片呈银叶症状，产量和品质下降，同时还分泌蜜露，引发煤污病，发生严重时，叶片呈黑色，严重影响植株光合作用，甚至整株死亡。此外，烟粉虱可传播30种植物上的70多种病毒病。

（3）防治措施。

① 农业防治。育无虫苗。育苗时把苗床和生产温室分开，育苗前用高浓度药剂熏蒸苗床，彻底清除残虫和杂草，防止虫苗带入大田。大棚内避免豇豆与黄瓜、番茄、西葫芦混栽，提倡与芹菜、葱、蒜接茬，做到栽培农艺上控虫。及时清除田间和棚内周围杂草，保持棚内周围清洁。

② 物理防治。通过悬挂黄色诱虫板进行诱杀，或者使用防虫网物理阻隔方法防止烟粉虱为害。

③ 生物防治。通过释放丽蚜小蜂、瓢虫、草蛉等天敌进行

防治。也可通过寄生真菌如蜡蚧轮枝菌、白僵菌等对其进行防治。可选用生物农药60克/升乙基多杀菌素悬浮剂10～20毫升/亩，或10%多杀霉素悬浮剂12.5～15毫升/亩进行叶面喷施。

④ 药剂防治。应做到科学选用农药、适时用药、适量用药。除生物农药以外，还可选用10%溴氰虫酰胺可分散油悬浮剂43～57毫升/亩，或40%噻嗪酮悬浮剂20～25毫升/亩，或95%矿物油400～500毫升/亩，或75克/升阿维菌素·双丙环虫酯（25克/升阿维菌素+50克/升双丙环虫酯）45～53毫升/亩，或5%d-柠檬烯100～125毫升/亩，或480克/升丁醚脲·溴氰虫酰胺（400克/升丁醚脲+80克/升溴氰虫酰胺）悬浮剂30～60毫升/亩，或50%噻虫胺水分散剂6～8克/亩，或40%螺虫乙酯悬浮剂12～18毫升/亩，或22%螺虫·噻虫啉（11%螺虫乙酯+11%噻虫啉）悬浮剂30～40毫升/亩等喷雾。喷施时注意对准叶背和嫩梢，将药液喷到虫体上。视虫情每隔10～15天喷1次，交替轮换用药，注意用药安全间隔期。

6. 朱砂叶螨 朱砂叶螨（*Tetranychus cinnabarinus*），又称红蜘蛛、棉叶螨、红叶螨，属蜱螨目（Arachinoidea），叶螨科（Tetranychidae），叶螨属（*Tetranychus*）。该虫是豇豆生产上的主要害虫，尤其进入高温条件下更容易大发生。

（1）形态特征。朱砂叶螨一生要经过卵、幼螨、第一若螨、第二若螨和成螨等时期。

卵：圆形，直径约129微米。初产时透明，苍白色，逐渐变为淡黄色、橙黄色，将孵化前，透过卵壳可见两个红色斑点。

幼螨：背面观几乎呈圆形，长223～276微米，宽160～181微米。初孵时苍白色，取食后呈淡黄绿色。

第一若螨：背面观呈椭圆形；长299～315微米，宽193～194微米，黄绿色。

第二若螨：背面观呈长椭圆形；长348～386微米，宽218～237微米，黄绿色。

雄成螨：背面观略呈菱形，比雌虫小得多；体长约365微米，宽约 192 微米。体色为黄绿色或鲜红色，在眼的前方呈淡黄色。

雌成螨：背面观呈卵圆形，长 489～604 微米，宽 282～348 微米，因寄主种类和食物而异。春夏活动时期，体色为黄绿色或锈红色，眼的前方淡黄色。

（2）发生与危害。朱砂叶螨每年发生 10～20 代，气温达 10 ℃以上朱砂叶螨即可大量繁殖。发育起点温度为 7.7～8.8 ℃，最适宜生存温度为 25～30 ℃，最适宜湿度为 35%～55%，因此干旱季节较有利于其发生。暴雨对其有抑制作用。朱砂叶螨的幼螨和第一若螨活动力较弱，第二若螨和成螨则较为活泼，有向上爬的习性。先为害下部叶片，后逐渐向上蔓延。繁殖数量过多时，常在叶端群集成团，滚落地面，被风刮走，向四周爬行扩散（图 23）。

图 23　朱砂叶螨危害豇豆叶子危害状

朱砂叶螨以幼、若螨、成螨在叶背吸食寄主汁液，致叶片上出现退绿斑点，以后逐渐变成灰白色或红色斑，严重时叶片焦枯脱落，似火烧状，叶片全部脱落，造成光杆，只能重播或改种其他作物。即使不致光杆，也将严重影响光合作用，使植株不能正常生长变得矮小，造成豇豆减产。豇豆在中后期严重受害时，会造成落叶、落花、落荚，影响产量。

(3) 防治措施。

① 农业防治。实行因地制宜轮作，减少虫源，缩小发生面积，是控制朱砂叶螨危害的有效方法。铲除杂草，改变农田环境条件。结合整枝打老叶，及时摘除有虫苗株，带出田外集中处理，可以减少虫源。从豇豆定苗开始，即应经常仔细检查植株，发现虫斑之后，随即将叶片上的成虫、若虫、幼虫和卵用手抹死，这样，既消灭了最初的点片发生，又防止了蔓延扩散，可以收到很好的效果。合理施肥，施足基肥，适时追肥，可确保豇豆苗株旺盛生长，对朱砂叶螨的为害有一定的抗性和忍耐性。

② 生物防治。保护利用自然天敌，以螨治螨，如人工释放捕食螨；以虫治螨，如人工释放食螨瓢虫；以菌治螨，如白僵菌。以螨治螨中，从豇豆苗期开始，释放巴氏新小绥螨、胡瓜钝绥螨、兵下盾螨等捕食螨防治朱砂叶螨。捕食螨一般分挂式和撒施两种同时使用。平均每5棵豇豆植株之间使用一袋挂式胡瓜钝绥螨（每袋500头以上，先均匀撒施一些在5棵植株叶片上，余下一部分留在袋中挂在其中1棵植株上），同时每亩撒施5～10瓶兵下盾螨（每瓶5 000只，从叶面向下往根部撒施）；或每穴（2棵植株）使用一袋挂式巴氏新小绥螨（1 500头/袋），同时每亩叶面撒施2～3瓶巴氏新小绥螨（20 000头/瓶）。捕食螨释放后，最好两周内不施用农药，根据田间实际情况再连续释放2～3次捕食螨。（图24—图26，捕食螨亦可防治豇豆蓟马，使用方法相同）。

图 24　巴氏新小绥螨防治朱砂叶螨、蓟马（挂袋）

图 25　兵下盾螨防治朱砂叶螨、蓟马（撒施）

图 26　胡瓜钝绥螨防治朱砂叶螨、蓟马（挂袋）

③ 药剂防治。在朱砂叶螨低龄幼虫期或卵孵化盛期施用，选用 20%哒螨灵可湿性粉 1 500 倍液等喷雾，可加入 99%SK 矿

物油 400 倍液提高防治效果，或 45%吡虫啉·虫螨腈（30%吡虫啉+15%虫螨腈）悬浮剂 15～20 毫升/亩，或 30%虫螨·噻虫嗪（10%虫螨腈+20%噻虫嗪）悬浮剂 30～40 毫升/亩，或 25%噻虫嗪水分散粒剂 15～20 克/亩，或 240 克/升虫螨腈悬浮剂 20～30 毫升/亩等喷雾。注意应喷施到叶面叶背以保证防效，每隔 7～8 天施药 1 次，交替轮换用药，注意用药安全间隔期。

7. 斜纹夜蛾 斜纹夜蛾（*Spodoptera litura* Fabricius），属鳞翅目（Lepidoptera）夜蛾科（Noctuidae），豇豆主要害虫之一。

（1）形态特征。

卵：扁平的半球状，初产黄白色，后变为暗灰色，块状黏合在一起，上覆黄褐色绒毛。卵多产于叶片背面。

幼虫：体长 33～50 毫米，头部黑褐色，胸部多变，从土黄色到黑绿色都有，体表散生小白点，冬节有近似三角形的半月黑斑一对。幼虫一般 6 龄，有假死性，老熟幼虫体长近 50 毫米，头黑褐色，体色则多变，一般为暗褐色，也有呈土黄、褐绿至黑褐色的，背线呈橙黄色，在亚背线内侧各节有一近半月形或似三角形的黑斑。

蛹：体长 15～20 毫米，圆筒形，红褐色，尾部有一对短刺。

成虫：体长 14～20 毫米左右，翅展 35～46 毫米，体暗褐色，胸部背面有白色丛毛，前翅灰褐色，花纹多，内横线和外横线白色、呈波浪状、中间有明显的白色斜阔带纹，所以称斜纹夜蛾。成虫具趋光和趋化性。

（2）发生与危害。主要以幼虫危害，幼虫食性杂，且食量大，初孵幼虫在叶背为害，取食叶肉，仅留下表皮；也危害花及豆荚，可蛀入豆荚内取食，导致豆荚腐烂和污染，失去商品价值。3 龄幼虫后造成叶片残缺不堪甚至全部吃光，蚕食花蕾造成缺损，容易暴发成灾。4 龄后进入暴食期，猖獗时可吃尽大面积豇豆叶片，并迁徙他处危害（图 27—图 30）。

图 27　斜纹夜蛾危害豇豆叶子危害状

图 28　斜纹夜蛾危害豇豆叶子、荚果危害状

图 29　斜纹夜蛾危害豇豆荚果危害状

图 30　斜纹夜蛾幼虫

（3）防治措施。

① 农业防治。清除杂草，收获后翻耕晒土或灌水，以破坏或恶化其化蛹场所，有助于减少虫源；结合管理随手摘除卵块和群集危害的初孵幼虫，以减少虫源；合理安排种植茬口，避免与斜纹夜蛾寄主作物轮作，有条件可与水稻进行轮作。

② 物理防治。使用防虫网覆盖可有效阻隔该害虫；利用成虫趋光性，于盛发期使用黑光灯诱杀；糖醋诱杀，利用成虫趋化性配糖醋（糖：醋：酒：水＝3：4：1：2）加少量敌百虫诱蛾；通过在田间应用缓释雌蛾性信息素化合物来引诱雄蛾，并用特定物理结构的诱捕器捕杀，从而降低雌雄交配，降低后代种群数量而达到防治的目的，在降低农药使用次数的同时，降低了农药残留，延缓害虫对农药抗性的产生。

③ 生物防治。保护利用和释放天敌，如茧蜂、广大腿蜂、寄生蝇、步行虫，以及多角体病毒、鸟类等。成虫还可以结合使用昆虫性引诱剂诱杀，减少成虫有效产卵数量。

④ 药剂防治。防治斜纹夜蛾最佳时机须在幼虫低龄期或暴食期前用药，应在傍晚时施药。在幼虫1～2龄期前，可使用10亿PIB/毫升斜纹夜蛾多角体病毒50～75毫升/亩，或1%苦皮藤素水乳剂90～120毫升/亩，或16 000 IU/毫克苏云金杆菌可湿性粉剂200～250克/亩，或60克/升乙基多杀菌素悬浮剂10～20毫升/亩，或10%多杀霉素悬浮剂12.5～15毫升/亩进行喷雾。当斜纹夜蛾世代重叠严重、发育不齐、与其他害虫同时发生，害虫种群密度较大时，可用病毒制剂和低浓度杀虫剂混合使用进行防治可以提高药效，也可以兼顾其他害虫。具体用量方法为：病毒制剂是每亩600亿个包涵体＋常规化学药剂推荐用量一半。低浓度杀虫剂可选用5%高氯·甲维盐（4%高效氯氰菊酯＋1%甲氨基阿维菌素苯甲盐酸）微乳剂15～30毫升/亩，或5%氯虫苯甲酰胺悬浮剂30～60毫升/亩，或10%虫螨腈悬浮剂40～60毫升/亩，或5%甲氨基阿维菌素苯甲酸盐悬浮剂20～25毫升/亩，或12%甲维·虫螨腈（2%甲氨基阿维菌素苯甲酸

盐+10%虫螨腈）悬浮剂 10～15 克/亩，或 10%甲维·茚虫威（1.5%甲氨基阿维菌素苯甲酸盐+8.5%茚虫威）悬浮剂 8～12 毫升/亩进行叶面喷施。以上药剂交替轮换使用，并注意用药安全间隔期。

（三）安全用药

选择登记的农药品种，根据病虫害发生程度分阶段选配农药，依据农药标签控制用药量，严格遵守施药安全间隔期。

1. 生长前期用药　豇豆生长前期（采收前）选用高效、低毒、低残留农药。病虫害轻度发生区或初发生期，充分利用生物制剂的控制作用；中度发生区，采取生物制剂与化学药剂结合使用；重度发生区或常发生期，适当增加农药使用次数。注意轮换用药和交替用药（推荐药剂参见附录 A　豇豆生长期主要病虫害防治药剂）。

2. 采收期用药　豇豆采收期采取天敌控制和优先使用生物制剂防治病虫害；停止使用安全间隔期超过 3 天的农药（推荐药剂参见附录 B　豇豆采收期主要病虫害防治药剂）。

七、豇豆病虫害综合绿色防控技术

病虫害加上连作、不科学施肥施药等原因，导致豇豆病虫害发生呈逐年严重趋势。农民在种植过程中通常依赖于使用大量的农药进行病虫害防治，导致豇豆农药残留超标，极易发生中毒事件，危害公众安全，且对生态环境造成污染。因此，开展豇豆种植病虫害绿色防控非常重要。生产上豇豆绿色防控主要采用农业防治、物理防治和生物防治为主，或综合采用集成技术，有效控制病虫害的发生，促进减肥减药和丰产增收。按照“预防为主、综合防治”的植保方针，贯彻以“农业防治为基础，以物理防治和生物防治为重点，以化学防治为补充”的绿色防控措施开展豇豆生产，注重各种技术的集成与协调应用，在有效控制病虫害的同时，确保豇豆质量安全，并促进减肥减药和丰产增收（图 31）。

（一）农业防治

农业防治是采取适宜品种、培育良好农田生态环境、预防病虫害发生和促进豇豆健康生长的基础性措施。

1. 选用优良品种　选用抗虫、抗病、耐病、发芽率高、商品性强、适应性强的丰产品种。如根据海南的高温高湿气候和病虫害多发的特点，宜选用抗虫、抗病和耐病的丰产品种，如热豇1号、真翠6号和赣杂9号。

2. 合理轮作　为均衡利用土壤养分和防治病、虫、草害，有效地改善土壤性状和调节土壤肥力，促进增产增收，豇豆忌连作包

图 31　简易防虫网、诱色虫板、信息素诱捕器等综合防控

括和其他菜豆连作，适宜轮作特别是水旱轮作，如水稻和豇豆轮作。

3. 清理田园　彻底清洁田园，不留任何植株残体及杂草，减少病虫初次侵染源，防止病残体上的病菌再次传播为害，减轻病虫害的发生和蔓延，犁地深耕翻地，晾地 5～7 天后再播种，使虫子因为缺少食物而转移或死亡。豇豆种植过程中要注意及时拔除、烧毁病残株。

4. 整地施肥　选择地势较高、疏水性较好的地块，深沟高畦整地，防止漫灌，雨后及时排水，并适量施用生石灰进行土壤消毒。测土施肥，重施有机肥，少施化肥。堆肥、厩肥要发酵腐透、熟透，使用酵素菌肥有助抑制和消灭土中的病原菌。

（二）物理防治

物理防治主要是依据病虫害发生特点，采取物理避害技术、灯光和色板诱杀等技术。

1. 科学使用防虫网　采用防虫网种植豇豆透气性好，科学使用能有效防止斑潜蝇、豆荚螟等害虫侵入，分散雨水对豇豆植株和土壤的冲击，使溅到植株上的带菌泥水减少，起到防病的作用，还能阻止害虫把病毒传入网内以减少病害。豇豆是高度自花授粉植物，在防虫网内不需要通过虫媒进行授粉。

防虫网使用推荐以简易型为主，既结实耐用又节约成本。搭建方法如下：每隔 4 米左右，将 3 米长、壁厚 2.5 毫米以上的 1 寸热镀锌圆管打入地下 0.8 米；也可用钻孔机钻孔后，放管和填水泥砂浆。然后，用圆管堵头堵住管孔，以防钢管割破网。为了使钢管排列整齐，先在地两头各栽一根钢管和牵两根绳子，中间钢管比照这两根绳子对齐安装。在钢管上端牵 3 毫米粗的塑钢线，并在地块四周钢管的上、中、下部位，分别缠绕 1 根 2 毫米粗的塑钢线。搭网时不要太用力拉扯，用压膜卡将网卡在圆管上。豇豆为攀爬类植物，可在菜地两头的钢管间绑上 4 分管，距离地面 1.8 米高，用于牵塑钢线供攀爬。如果用大型拖拉机耕作，可增加钢管高度，加大钢管间距至 6～10 米，牵 5 毫米粗的塑钢线，用紧线器拉紧。防虫网以白色网为主，阳光照射非常强烈的天气或地区可采用绿色网。推荐使用 50～60 目防虫网，主要防治斜纹夜蛾、斑潜蝇、蚜虫、烟粉虱等害虫，适宜目数应根据防治的主要靶标害虫、生产环境、防虫网的材质和网丝的直径来综合考虑。同时，在垄上覆盖银色或银黑色地膜驱避蚜虫（图 32—图 34）。

图 32　搭建防虫网种植豇豆可大幅减少害虫和用药

图 33　搭建简易防虫网的材料

图 34　简易防虫网种植豇豆外观

防虫网 3 年一换，搭建简易防虫网的钢管至少可用 10 年，平均下来每年简易防虫网的成本投入很低，但却大大提高了豇豆的商品价值，大幅减少使用农药和人工，长期使用节本增收。

2. 悬挂诱色虫板　从苗期开始使用，至收获期保持不间断使用可有效控制害虫发生数量。初期监测时，每亩悬挂黄色和蓝色诱虫板各 2～3 张，进行害虫监测。其间根据监测到的害虫主要发生种类来调整诱虫板使用的种类。如以豇豆蓟马发生为主，则悬挂蓝色诱虫板；如蚜虫、潜叶蝇、粉虱发生较多，则悬挂黄色诱虫板；如多种昆虫同时发生危害，则结合黄、蓝板同时使用。虫口基数增大时，每亩悬挂 30～40 张诱虫板。悬挂方向为板面向东西方向为宜，顺行垂直挂在两行中间，苗期悬挂诱虫板以高出作物 15～20 厘米为宜，生长中后期悬挂于植株中上部离地面约 1.5 米高为宜（图 35—图 36）。

图 35　防虫网内利用黄蓝板诱杀蓟马、粉虱、蚜虫等

图 36　防虫网外利用黄蓝板诱杀蓟马、粉虱、蚜虫等

3. 使用杀虫灯诱杀 在豇豆地周边安装太阳能频振式杀虫灯或黑光灯进行诱杀，诱虫灯可诱杀鳞翅目、鞘翅目等多种农业害虫，每15亩布置1台诱虫灯。可与对应靶标害虫诱芯联合使用效果更佳（图37）。

图37 太阳能频振式杀虫灯

（三）生物防治

常见的生物防治有人工施放捕食性和寄生性天敌，结合使用微生物制剂和其他生物仿生药剂以及使用对应靶标害虫信息素进行诱杀。在豇豆生长早期，在不喷施任何杀虫药剂时，施放捕食螨、瓢虫、寄生蜂等天敌进行害虫生物防治，充分保护利用自然天敌，增强自然控制能力。豇豆生长中后期，可采用芸薹素内酯、氨基寡糖素、超敏蛋白等提高植株免疫及抗逆抗病性。在高温烈日、低温寡照下注意科学使用生物农药。可在不喷施任何药剂时，在防虫网内投入捕食螨、瓢虫、寄生蜂等天敌进行害虫生物防治。

1. 释放和保护利用天敌 在害虫尚未发生或发生初期，可通过人工释放小花蝽防治蓟马、粉虱（图 38）；释放巴氏新小绥螨、胡瓜钝绥螨、兵下盾螨等天敌防治豇豆蓟马和朱砂叶螨；释放蚜茧蜂、姬小蜂、赤眼蜂等寄生蜂防治蚜虫、斑潜蝇和豆荚螟等害虫；释放七星瓢虫、异色瓢虫防治蚜虫、介壳虫和粉虱等害虫。如害虫虫口基数较大，应在释放天敌前 7～10 天施用低毒农药降低虫口基数，再进行天敌释放，天敌释放后，至少两周内不施用农药。根据田间实际情况至少连续释放 2～3 次天敌，天敌种群建立后，可起到对害虫持续控制的效果。

图 38 小花蝽若虫捕食豇豆蓟马若虫（王建赟 拍摄）

2. 使用生物源农药 相对于化学农药，生物农药具有药效持久和对人畜、环境污染少的优点，可广泛应用于豇豆的绿色生产防控中。使用金龟子绿僵菌、苏云金杆菌（Bt）、核型多角体病毒（NPV）、蛇床子素、苦皮藤素、性诱剂等都是常用的生物防治措施。豇豆病虫害严重发生时期，单靠上述措施仍难以控制，可依据安全使用原则适当使用高效低毒化学农药防治，重施生物源农药，必要时配合使用少量化学农药。

3. 使用信息素技术

（1）使用信息素光源雌雄同诱。在豇豆地内部安装昆虫信息素光源诱捕器PLT－B 进行诱杀，在使用蓝板、黄板和诱芯的基础上增加光源，提高昆虫信息素及色板诱捕效果，雌雄虫均能诱捕，效果翻倍。在成虫扬飞前悬挂，每亩使用1～3套，盛期可酌情增加使用量（图39—图40）。

图39 网外PLT-B光源信息素诱捕蓟马

图40 网内PLT-B光源信息素诱捕蓟马

(2) 使用信息素迷向技术。该技术是在豇豆地内部安装信息素迷向散发器，强烈的害虫信息素源持续刺激害虫雄成虫触角，使田间雄成虫无法对雌成虫进行定位，降低害虫雌雄成虫交配率，降低下一代虫口密度，实现害虫防治。在成虫扬飞前悬挂，根据害虫及迷向使用方式在田间放置迷向散发器即可，通常每3亩安装1套智能迷向散发器；管状迷向散发器亩用量20～40根。

(3) 使用性信息素诱捕诱杀。在靶标害虫防治区域内，成虫扬飞前，将带有雌虫的性信息素诱芯及配套诱捕器棋盘式悬挂于田间，放置高度以害虫诱捕器的进虫孔距地面1～1.5米为最佳，该技术主要诱杀夜蛾雄虫，以降低交配次数和雌虫有效产卵的数量。安装数量为每亩1～3套，盛期可酌情增加使用量（图41—图42）。

图41　蓟马信息素蓝板诱杀蓟马

（四）科学安全用药

选用高效、低毒、低残留的化学农药，禁止使用高毒、高残留的农药。严格掌握化学农药浓度和使用量。严格选药、适期施

图 42　性信息素诱捕斜纹夜蛾

药、适量用药，正确施药，科学搭配，交替使用，严格遵守用药安全间隔期。豇豆是病虫害多发的作物，选用高效、低毒、低残留的化学农药，仍然是一个不可缺的重要手段。一要针对性选择农药。严格掌握化学农药浓度和使用量。科学选药，适量用药，正确施药，注意轮换用药和交替用药。二要注意用药安全间隔期。严格依据农药标签和技术规程确定用药时间，严格遵守农药使用安全间隔期和用药次数。一般化学农药安全间隔期都在 7 天以上，因此要尽量避免豇豆采收期使用长残效农药，禁止使用高毒、高残留的农药，防止农药残留超标。三要注意施药安全。在高温季节喷施农药，要采取必要防护措施，避免发生中毒事故，尽量做到精准施药、高效用药、节约用药。此外，还要协调化学防治和生物防治，尽量减少药剂对天敌的杀伤，避免在蜜蜂和水产养殖区使用有毒有害农药。

八、豇豆的采收

采收豇豆，讲究一定的科学性和技术性。采收质量的好坏，采收成熟度、采收期等是否恰当，采收技术、操作处理是否科学合理，都直接影响到采后豇豆的品质、贮运和后期的开花、结荚。豇豆生产的目的是为了获得高产、获得优质产品用于销售，因此豇豆采收是商品生产的关键环节，只有科学适时采收，才能获得优质豇豆产品，有利于获得更好的效益。采收的原则是适时采收、及时上市、保质保量、减少腐烂。

（一）采收成熟度和采收期的确定

确定豇豆采收期的主要依据是其成熟度，豇豆采收的成熟度主要根据其生物学特性、品种特性与采收后的用途、销售市场的远近、加工贮运条件等综合因素来决定。若采收成熟度不当，则对品质影响很大。采收过早，不仅果实大小、重量达不到最大程度，影响产量和收益，而且荚果内部营养物质积累不足，色、香、味、质地都不具备品种固有的优良性状，达不到适于鲜食、贮藏、加工最佳品质要求，以至于没有市场竞争力，经济价值和食用价值低。如果采收过晚，豇豆荚果已进入生理衰老阶段，纤维增多，肉质和籽粒分离，口感不佳，食用和商品价值也低。只有适时采收，才能获得品质好、耐贮运的产品。

豇豆采收要及时，一般在开花后 11～15 天，荚果饱满、组织脆实且不发白变软、嫩荚的豆粒刚刚显露时进行采收。用于贮运的豇豆产品的适宜采收期，可按从开花到采收的时间来确定，也可按照荚果表面特征来确定。就时间而言，用于贮运的豇豆可比就地直接销售的提前 1～2 天采收。初期采收间隔 3～6 天，盛荚期 1～2 天采收 1 次。采摘时应注意避免碰伤茎蔓和叶片，保护好花序。此外，可以从豇豆的外部特征来确定其适宜的采收期。豇豆的采收应以采摘生长饱满，籽粒未显鼓的中等成熟的豆荚为宜，这是出于平衡豇豆品质、运输和贮藏等方面的选择。如果采收的豇豆过嫩，其豆荚含水量高而干物质不足，在贮藏运输中易失水；而过老的豆荚则由于纤维化程度高，品质不足，口感不佳，也不耐贮藏。豇豆可以进行连续采摘，采摘期为 30～40 天。值得注意的是，采收期需严格执行农药安全间隔期，且应注意不要损伤嫩芽及其他小花蕾。

（二）采收时间和采收方法

用于贮运的豇豆荚果，采收应在晴天的早晚进行，要避免雨天和正午采收。一般在早晨 7—9 时露水干后进行采收，因为这时采收的豇豆，已在晚上散出了部分田间热，光合作用产物已运至荚果中积累，有利于贮运。豇豆采收时应尽量减少人力损伤，采收人员事先应剪齐指甲或戴手套，采时要轻拿轻放，可用剪刀将荚果从柄上剪下。采收顺序由表及里，由下而上，防止粗放采摘，以确保采收质量优良，同时要根据市场销售的需要，做到有计划地采摘。

九、豇豆的留种

豇豆留种株选择须具有本品种特征，即无病、结荚节位低、结荚集中而多的植株，成对种荚大小一致，籽粒排列整齐，以选留中部和下部的豆荚做种，及时去除上部豆荚，使籽粒饱满。当果荚种壁充分松软，表皮萎黄时即可采收，挂于室内阴干后脱粒，晒干后趁热将种子装入缸内，放置数粒樟脑丸密封贮藏，防止豆蟓危害。如少量种子，亦可将豆荚挂于室内通风干燥处，不必脱粒，至翌年播种前取出后脱粒即可，种子生活力一般为1～2年。

十、豇豆的贮运

豇豆因其耐贮存和独特的风味而广受人们喜爱，对豇豆进行科学合理的贮藏和调运是解决豇豆产销问题的重要环节。豇豆的贮运要解决以下几个方面的问题。

（一）预冷

新鲜的豇豆采收后，含有较高的水分和热量，若不及时降温，排除田间热，加上搬运装卸时难免遭受的机械损伤，在贮运过程中遇到高温高湿的情况容易感染病菌，容易造成大量腐烂。故豇豆采收后必须立即进行预冷，即在豇豆采收后在运输和冷藏前为了尽快将果实温度降到适宜的低温，而采用预先降温的措施，其目的在于降低荚果温度，散发田间热并愈合伤口，同时适当散发表皮水分，使荚果表面形成一层柔软的凋萎保护层。凋萎保护层一方面能抵制内部水分的继续蒸发，另一方面能防止产生新的机械损伤。

预冷处理不仅能迅速降低荚果生理活动，而且能缩短处理时间，以便尽快运输到供应地区，减少运输和贮藏中的腐烂和损耗。目前，常用的预冷方法主要有自然空气冷却、水冷却和真空冷却等，各有优缺点，其中以自然空气冷却最为经济实用，但冷却能力稍差。豇豆的自然空气冷却方法是将采收后的荚果放在阴凉干燥且通风良好的地方，让其自然通风 4～6 小时。由于豇豆于 5 ℃以下会有冻害现象，应避免用碎冰直接撒于豇豆表面。豇豆表面出现水渍状斑点，然后逐渐扩大腐烂，是冷害表症。豇豆储存应注意维持高湿度，否则将因失水多而缩短储存期。

（二）商品标准化处理

为了增加豇豆市场竞争力，提高豇豆的食用品质和商品价值，取得高的经济效益和满足人们日益增长的消费需求，很有必要按照一定的商品规格进行选别、分类和定级，使豇豆达到商品标准化，分级后优质优价、按质论价、品牌化销售。

1. 分级

（1）根据产品的用途及规格。在原料产品中选出合格荚果进行包装成件，对形状、大小、重量、色泽等达不到要求的劣等不合格荚果必须剔除，剔除腐烂、受损和发生病虫的豇豆荚果，对发生检疫性病虫害的荚果更需严格剔除和销毁。

（2）根据市场需要。按照不同分类标准将合格荚果分为不同等级，分别包装成件，使豇豆荚果规格划一，明码实价，优质优价。通过分级，不仅可以贯彻优质优价的政策，而且可以减少贮运中的损失，减轻病虫害的传播。

2. 包装成件　豇豆作为新鲜产品供应市场，可根据其品质层次和销售场合采用不同的包装，对高端的产品销售按礼盒包装成件。包装成件可使豇豆保持良好的商品状态、品质和食用价值，方便装卸运输和堆码，减少摩擦碰撞和挤压造成的机械损伤，保持外形完整；还可防止豇豆受尘土和微生物的污染，减少病虫害的蔓延和水分蒸发，缓解因外界温度剧烈变化引起的产品损耗，提高豇豆的卫生质量，增加商品美观程度，增加商品宣传效果，提高商品价值。为了保护豇豆不受、少受外界伤害，操作时要戴手套，轻拿轻放，严禁抛掷。

（三）调运和销售

目前豇豆运输采用大货车进行长途运输较多。由于运输途中的损失是豇豆损失的主要原因，为了把运输途中的损失降低到最低，运输途中的每个环节都应细心，以防损伤。总的原则是安全运输、快装快运、轻装轻卸、文明装运，注意防止日晒雨淋和环境过冷过热，尽量减少振动。调运量大时最好采用通气性好的硬包装，内加换气器械来通风散热。豇豆运至目的地后，要及时出车，随到随销，也可迅速送入当地冷库中贮藏，以便保管和批发调拨各零售市场。

（四）贮藏

刚刚采摘的新鲜豇豆，应及时保鲜收藏。豇豆豆荚较长，嫩脆且含水量较高，因此它较容易老化和腐烂。豇豆最适储存温度：7～8 ℃，相对湿度：80％～90％。高温会使豆荚中籽粒迅速生长，进而使得荚壳中的营养物质被快速消耗和水分挥发太快，导致豆荚衰老、脱水或籽粒发芽，使豇豆形成干扁空壳，影响烹饪的味道，也容易腐烂变质。温度过低，烹饪出来的味道很差，也炒不熟。

豇豆搬入冷库保鲜时应罩上塑料薄膜，或者使用聚乙烯薄膜小袋进行包装，进行自发气调保鲜。若是需要进行临时贮存，则应选择阴凉通风，清洁卫生的地点。贮藏时应注意将豇豆按品种和规格分别堆码，保证足够的散热间距。豇豆主要有窑窖贮藏法、通风库贮藏法、机械冷藏法和气调贮藏法。本书重点介绍常用的机械冷藏法和气调贮藏法。

1. 机械冷藏法 在有良好隔热效能的库房中，装置机械制冷设备，根据贮藏的豆荚或豆粒种类对贮藏温、湿度的不同要求，进行人工调节和控制，以达到较长时期贮藏保鲜目的的方法，它不受气候条件的影响，可以常年贮藏，贮藏效果较好。

2. 气调贮藏法 这是一种控制贮藏环境中的气体组成，以达到贮藏保鲜目的的现代贮藏方法，按其封闭设备不同可分为气调冷藏库贮藏和塑料薄膜封闭贮藏。气调冷藏库建筑和设备复杂，使用方便，目前尚未大量普及。而薄膜封闭气调法造价低廉，使用方便，既可配合简易塑料袋包装，定期通风或在袋上嵌上一定大小的橡胶薄膜，通过橡胶薄膜的选择透性，使袋内气体达到适宜标准。一般氧含量应低于2%，二氧化碳浓度不宜超过3%。

3. 干品的收藏 用刚刚采摘的新鲜豇豆，经沸水煮至熟而不烂时捞出沥干，在太阳下晒干或用机械烤干；用时拿出经凉水浸泡至软备用，其味甘而鲜美，回味无穷。

（五）运输

豇豆最好装筐或装箱后再进行运输，这样能较大程度上减少机械损伤。若需进行散装运输，则豆荚堆不应坐人，且禁止重压。此外，运输还需注意运输工具的卫生和轻装轻卸。短途运输要严防日晒雨淋；长途运输则应注意采取一定的降温措施以防止豇豆发热霉烂。需贮运2周以上的豇豆要用冷库贮藏或冷藏车运输；贮运1周以内的可在箱外四周及车顶放置足够的碎冰，使其保持在较低温度下；贮运2天内的可把豇豆过一次8℃左右冰水后装泡沫箱。

本书从豇豆栽培和病虫害发生特点出发，结合生产实际及栽培管理技术研究，从农业防治、生物防治、物理防治和科学用药等绿色防控手段入手，集成豇豆高效栽培和病虫害绿色防控技术，旨在指导种植户科学合理地进行病虫害防治和高效生产，确保豇豆产品质量安全。过多过量使用农药并不能更好地防治病虫害，反而会增加病虫害的抗药性，造成农药残留甚至药害，从而影响豇豆的品质和安全，严重的还会遭受市场禁售或有关管理部门的处罚，会导致种植户投入多、成本高、效益差。如能做到科学、合理用药，绿色、安全生产，更有利于打造品牌，按质论价。

附录A　豇豆生长期推荐使用农药

豇豆生长期主要虫害防治药剂应符合表A.1规定，豇豆生长期主要病害防治药剂应符合表A.2规定。

表A.1　豇豆生长期主要虫害防治药剂

虫害名称	防治指标（适期）	推荐农药及使用剂量、用药间隔时间	安全使用间隔期（天）	每季最多用药次数
斑潜蝇	虫害未发生时预防或叶片上潜叶蝇幼虫1毫米左右或叶片受害率达10%～20%时	60克/升乙基多杀菌素悬浮剂50～58毫升/亩 连续用药间隔7～10天	3	2
		1.8%阿维菌素微乳剂40～80毫升/亩 连续用药间隔7天	3	2
		3.2%阿维菌素乳油22.5～45毫升/亩 连续用药间隔7天	5	3
	始花期或幼虫1～2龄期前	10%溴氰虫酰胺可分散油悬浮剂14～18毫升/亩 连续用药间隔7天	3	3
	害虫卵孵至1～2龄幼虫盛期	20%阿维·杀虫单微乳剂30～60毫升/亩 连续用药间隔10天	5	3
	害虫卵孵至1～2龄幼虫盛期	60%灭胺·杀虫单可溶粉剂25～35克/亩 连续用药间隔10天	5	2
	1～2龄幼虫始发期	30%灭蝇胺可湿性粉剂40～45克/亩 连续用药间隔7～10天	7	2
	1～2龄幼虫盛期	31%阿维·灭蝇胺悬浮剂22～27毫升/亩 连续用药间隔7～10天	7	2

（续）

虫害名称	防治指标（适期）	推荐农药及使用剂量、用药间隔时间	安全使用间隔期（天）	每季最多用药次数
斜纹夜蛾	虫害未发生预防或幼虫1～2龄期前	1%苦皮藤素水乳剂90～120毫升/亩 连续用药间隔7～10天	10	2
	虫害未发生预防或幼虫1～2龄期前	16 000 IU/毫克苏云金杆菌可湿性粉剂200～250克/亩 连续用药间隔7天	1	3～4
甜菜夜蛾	虫害未发生预防或卵孵化高峰期	30亿PIB/毫升甜菜夜蛾核型多角体病毒悬浮剂20～30毫升/亩 连续用药间隔7天	1	3～4
	虫害未发生预防或产卵高峰期至低龄幼虫盛发初期	300亿PIB/克甜菜夜蛾核型多角体病毒水分散粒剂2～5克/亩 连续用药间隔7天	1	3～4
	虫害未发生预防或卵孵化盛期或幼虫1～2龄期	80亿孢子/毫升金龟子绿僵菌CQMa421可分散油悬浮剂40～60毫升/亩 连续用药间隔7天	1	3～4
蓟马	虫害未发生预防或低龄若虫始盛期至盛发期	100亿孢子/克金龟子绿僵菌油悬浮剂25～35克/亩 连续用药间隔7～10天	1	3～4
	幼虫发生初期	25%噻虫嗪水分散粒剂15～20克/亩	3	1
	始花期或幼虫1～2龄期前	10%溴氰虫酰胺可分散油悬浮剂33.3～40毫升/亩 连续用药间隔7天	3	3
	幼虫1～2龄期前或新梢有蚜率25%左右时	10%啶虫脒乳油30～40毫升/亩 连续用药间隔7～10天	3	1
	虫害未发生预防或幼虫发生初期	10%多杀霉素悬浮剂12.5～15毫升/亩	5	1

（续）

虫害名称	防治指标（适期）	推荐农药及使用剂量、用药间隔时间	安全使用间隔期（天）	每季最多用药次数
蓟马	1～2龄幼虫盛发期	5%甲氨阿维菌素苯甲酸盐微乳剂3.5～4.5毫升/亩 连续用药间隔7～10天	5	2
	幼虫发生初期	30%虫螨·噻虫嗪悬浮剂30～40毫升/亩	5	1
	幼虫发生初期	45%吡虫啉·虫螨腈悬浮剂15～20毫升/亩	5	1
	虫卵孵化盛期或幼虫1～2龄期前	2%甲氨阿维菌素苯甲酸盐微乳剂9～12毫升/亩	7	1
豆荚螟	虫害未发生预防或幼虫孵化初期	32 000 IU/毫克苏云金杆菌可湿性粉剂75～100克/亩 连续用药间隔7～10天	1	3～4
	幼虫孵化初期	30%茚虫威水分散粒剂6～9克/亩	3	1
	幼虫孵化初期	4.5%高效氯氰菊酯乳油30～40毫升/亩	3	1
	始花期（成虫产卵高峰期）	10%溴氰虫酰胺可分散油悬浮剂14～18毫升/亩 连续用药间隔7天	3	3
	开花始盛期（幼虫发生始盛期）	14%氯虫·高氯氟微囊悬浮剂10～20毫升/亩 连续用药间隔7天	5	2
	始花期（成虫产卵高峰期）	5%氯虫苯甲酰胺悬浮剂30～60毫升/亩 连续用药间隔7～10天	5	2
	低龄幼虫盛发期	5%甲氨基阿维菌素苯甲酸盐微乳剂3.5～4.5毫升/亩 连续用药间隔7～10天	5	2
	虫害未发生预防或初花期和盛花期各施药1次	25%乙基多杀菌素水分散粒剂12～14克/亩 连续用药间隔7～10天	7	2
	虫卵孵化盛期或幼虫1～2龄期前	2%甲氨基阿维菌素苯甲酸盐微乳剂9～12毫升/亩	7	1
	低龄幼虫期	50克/升虱螨脲乳油40～50毫升/亩 连续用药间隔7～10天	7	3

（续）

虫害名称	防治指标（适期）	推荐农药及使用剂量、用药间隔时间	安全使用间隔期（天）	每季最多用药次数
蚜虫	虫害未发生预防或发生初期	1.5%除虫菊素水乳剂 80～160 毫升/亩 连续用药间隔 7 天	1	3～4
	发生初期	50 克/升双丙环虫酯可分散液剂 10～16 毫升/亩 连续用药间隔 7～10 天	3	2
	发生初期	10%溴氰虫酰胺可分散悬浮剂 33.3～40 毫升/亩 连续用药间隔 7 天	3	3
	虫害未发生预防或发生初期	1.5%苦参碱可溶液剂 30～40 毫升/亩	10	1

表 A.2　豇豆生长期主要病害防治药剂

病害名称	防治指标（适期）	推荐农药及使用剂量	安全使用间隔期（天）	每季最多用药次数
锈病	发病前预防或发病初期	50%硫磺·锰锌可湿性粉剂 250～280 克/亩 连续用药间隔 7 天	3	3
		29%吡萘·嘧菌酯悬浮剂 45～60 毫升/亩 连续用药间隔 7～10 天	3	3
		20%噻呋·吡唑酯悬浮剂 40～50 毫升/亩 连续用药间隔 7～10 天	3	3
白粉病	发病前预防或发病初期	0.4%蛇床子素可溶液剂 600～800 倍液 连续用药间隔 7～10 天	1	2～3
炭疽病	发病前预防或发病初期	325 克/升苯甲·嘧菌酯悬浮剂 40～60 毫升/亩 连续用药间隔 7～14 天	7	3

（续）

病害名称	防治指标（适期）	推荐农药及使用剂量	安全使用间隔期（天）	每季最多用药次数
病毒病	发病前预防	1%香菇多糖水剂 80～12 毫升/亩 连续用药间隔 8～10 天	1	3～4
	发病前预防或发病初期	5%氨基寡糖素水剂 86～107 毫升/亩 连续用药间隔 7～10 天	1	2～3
		8%宁南霉素水剂 75～100 毫升/亩 连续用药间隔 7～10 天	1	3
	根据传播虫情加用以下一种药剂：甲氨基阿维菌素苯甲酸盐、金龟子绿僵菌、溴氰虫酰胺、双丙环虫酯、苦参碱、多杀霉素、噻虫嗪、啶虫脒、除虫菊素等药剂（病虫兼治时，再加用新高脂膜 800 倍液增强药效）。			

附录 B　豇豆采收期推荐使用农药

豇豆采收期主要虫害防治药剂应符合表 B.1 规定，豇豆采收期主要病害防治药剂应符合表 B.2 规定。

表 B.1　豇豆采收期主要虫害防治药剂

虫害名称	防治指标（适期）	推荐农药及使用剂量、用药间隔时间	安全使用间隔期（天）	每季最多用药次数
斑潜蝇	虫害未发生预防或叶片上潜叶蝇幼虫 1 毫米左右或叶片受害率达 10%～20%时	60 克/升乙基多杀菌素悬浮剂 50～58 毫升/亩 连续用药间隔 7～10 天	3	2
		1.8%阿维菌素微乳剂 40～80 毫升/亩 连续用药间隔 7 天	3	2
	始花期或幼虫1～2 龄期前	10%溴氰虫酰胺可分散油悬浮剂 14～18 毫升/亩 连续用药间隔 7 天	3	3
斜纹夜蛾	虫害未发生预防或幼虫 1～2 龄期前	16 000 IU/毫克苏云金杆菌可湿性粉剂 200～250 克/亩 连续用药间隔 7 天	1	3～4
甜菜夜蛾	虫害未发生预防或卵孵化高峰期	30 亿 PIB/毫升甜菜夜蛾核型多角体病毒悬浮剂 20～30 毫升/亩 连续用药间隔 7 天	1	3～4
	虫害未发生预防或产卵高峰期至低龄幼虫盛发初期	300 亿 PIB/克甜菜夜蛾核型多角体病毒水分散粒剂 2～5 克/亩 连续用药间隔 7 天	1	3～4
	虫害未发生预防或卵孵化盛期或幼虫 1～2 龄期	80 亿孢子/毫升金龟子绿僵菌 CQMa421 可分散油悬浮剂 40～60 毫升/亩 连续用药间隔 7 天	1	3～4

（续）

虫害名称	防治指标（适期）	推荐农药及使用剂量、用药间隔时间	安全使用间隔期（天）	每季最多用药次数
蓟马	虫害未发生预防或低龄幼虫始盛期至盛发期	100亿孢子/克金龟子绿僵菌油悬浮剂25～35克/亩 连续用药间隔7～10天	1	3～4
	幼虫发生初期	25%噻虫嗪水分散粒剂15～20克/亩	3	1
	始花期或幼虫1～2龄期前	10%溴氰虫酰胺可分散油悬浮剂33.3～40毫升/亩 连续用药间隔7天	3	3
	幼虫1～2龄期前或新梢有蚜率25%左右时	10%啶虫脒乳油30～40毫升/亩 连续用药间隔7～10天	3	1
豆荚螟	虫害未发生预防或幼虫孵化初期	32 000 IU/毫克苏云金杆菌可湿性粉剂75～100克/亩 连续用药间隔7～10天	1	3～4
	幼虫孵化初期	30%茚虫威水分散粒剂6～9克/亩	3	1
	幼虫孵化初期	4.5%高效氯氰菊酯乳油30～40毫升/亩	3	1
	始花期（成虫产卵高峰期）	10%溴氰虫酰胺可分散油悬浮剂14～18毫升/亩 连续用药间隔7天	3	3
蚜虫	虫害未发生预防或发生初期	1.5%除虫菊素水乳剂80～160毫升/亩 连续用药间隔7天	1	3～4
	幼虫发生初期	50克/升双丙环虫酯可分散液剂10～16毫升/亩 连续用药间隔7～10天	3	2
	幼虫发生初期	10%溴氰虫酰胺可分散悬浮剂33.3～40毫升/亩 连续用药间隔7天	3	3

表 B.2　豇豆采收期主要病害防治药剂

病害名称	防治指标（适期）	推荐农药及使用剂量	安全使用间隔期（天）	每季最多用药次数
锈病	发病前预防或发病初期	50%硫磺·锰锌可湿性粉剂 250～280 克/亩 连续用药间隔 7 天	3	3
		29%吡萘·嘧菌酯悬浮剂 45～60 毫升/亩 连续用药间隔 7～10 天	3	3
		20%噻呋·吡唑酯悬浮剂 40～50 毫升/亩 连续用药间隔 7～10 天	3	3
白粉病	发病前预防或发病初期	0.4%蛇床子素可溶液剂 600～800 倍液 连续用药间隔 7～10 天	1	2～3
病毒病	发病前预防	1%香菇多糖水剂 80～12 毫升/亩 连续用药间隔 8～10 天	1	3～4
	发病前预防或发病初期	5%氨基寡糖素水剂 86～107 毫升/亩 连续用药间隔 7～10 天	1	2～3
	根据传播虫情加用以下一种药剂：金龟子绿僵菌、溴氰虫酰胺、双丙环虫酯、啶虫脒、噻虫嗪、除虫菊素等药剂（病虫兼治时，再加用新高脂膜 800 倍液增强药效）。			

附录C 禁限用农药名录

一、禁止（停止）使用的农药（46种）

六六六、滴滴涕、毒杀芬、二溴氯丙烷、杀虫脒、二溴乙烷、除草醚、艾氏剂、狄氏剂、汞制剂、砷类、铅类、敌枯双、氟乙酰胺、甘氟、毒鼠强、氟乙酸钠、毒鼠硅、甲胺磷、对硫磷、甲基对硫磷、久效磷、磷胺、苯线磷、地虫硫磷、甲基硫环磷、磷化钙、磷化镁、磷化锌、硫线磷、蝇毒磷、治螟磷、特丁硫磷、氯磺隆、胺苯磺隆、甲磺隆、福美胂、福美甲胂、三氯杀螨醇、林丹、硫丹、溴甲烷、氟虫胺、杀扑磷、百草枯、2,4-滴丁酯。

（其中：氟虫胺自2020年1月1日起禁止使用。百草枯可溶胶剂自2020年9月26日起禁止使用。2,4-滴丁酯自2023年1月29日起禁止使用。溴甲烷可用于“检疫熏蒸处理”。杀扑磷已无制剂登记。）

二、在部分范围禁止使用的农药（20种）

通用名	禁止使用范围
甲拌磷、甲基异柳磷、克百威、水胺硫磷、氧乐果、灭多威、涕灭威、灭线磷	禁止在蔬菜、瓜果、茶叶、菌类、中草药材上使用，禁止用于防治卫生害虫，禁止用于水生植物的病虫害防治
甲拌磷、甲基异柳磷、克百威	禁止在甘蔗作物上使用
内吸磷、硫环磷、氯唑磷	禁止在蔬菜、瓜果、茶叶、中草药材上使用

（续）

通用名	禁止使用范围
乙酰甲胺磷、丁硫克百威、乐果	禁止在蔬菜、瓜果、茶叶、菌类和中草药材上使用
毒死蜱、三唑磷	禁止在蔬菜上使用
丁酰肼（比久）	禁止在花生上使用
氰戊菊酯	禁止在茶叶上使用
氟虫腈	禁止在所有农作物上使用（玉米等部分旱田种子包衣除外）
氟苯虫酰胺	禁止在水稻上使用

来源：农业农村部农药管理司。

蔡东海，邓汝英，张庆华，2019. 广东豇豆有机栽培技术［J]. 长江蔬菜（5）：31-33.

陈青，梁晓，伍春玲，2019. 常用绿色杀虫剂科学使用手册［M]. 北京：中国农业科学技术出版社.

何永梅，王迪轩，2020. 图说大棚蔬菜栽培实用技术［M]. 北京：化学工业出版社.

李宏东，2019. 秋季豇豆锈病综合防控［J]. 西北园艺（3）：51.

李森，2020. 蔬菜科学施肥技术问答［M]. 北京：化学工业出版社.

刘昭华，戚志强，韩旭.2016. 热区冬季辣椒套种豇豆技术［J]. 热带农业科学，36（7）：5-8.

罗高玲，周作高，李经成.2020. 豇豆早春小拱棚高效栽培技术规程［J]. 长江蔬菜（3）：30-33.

莫伟钦，2017. 广东地区豇豆防虫网覆盖栽培管理技术［J]. 蔬菜（5）：41-43.

史佳音，檀菲，张玉红，2015. 无公害豇豆生产技术规程［J]. 吉林农业（2）：92.

王斌才，周国林，黄兴学，2013. 有机豇豆生产操作技术规程［J]. 长江蔬菜（3）：9-10.

王承芳，2019. 豇豆无公害高产栽培技术［J]. 现代农业科技（16）：75-77.

王迪轩，王雅琴，何永梅，2018. 大棚蔬菜栽培关键技术［M]. 北京：化学工业出版社.

王平，2003. 豇豆无公害生产技术规程［J]. 现代农业科技（6）：31.

云天海，吴月燕，朱白婢，2016. 防虫网棚豇豆膜下滴灌栽培技术规程［J]. 北方园艺（16）：65-66.